伊犁河底栖动物的采集与识别

杨海军　刘雨薇
田伊林　向洪勇　著
张振兴　崔　东
张　维　焦子伟

云南大学出版社
YUNNAN UNIVERSITY PRESS

图书在版编目（CIP）数据

伊犁河底栖动物的采集与识别 / 杨海军等著. — 昆
明：云南大学出版社，2023
ISBN 978-7-5482-4704-3

Ⅰ. ①伊… Ⅱ. ①杨… Ⅲ. ①河流—底栖动物—研究
—伊犁哈萨克自治州 Ⅳ. ①Q958.884.2

中国版本图书馆CIP数据核字(2022)第152510号

策　　划：殷永林
责任编辑：方欣宇
封面设计：刘　雨

伊犁河底栖动物的采集与识别

YILIHE DIQIDONGWU DE CAIJI YU SHIBIE

杨海军　刘雨薇
田伊林　向洪勇
张振兴　崔　东　著
张　维　焦子伟

出版发行：云南大学出版社
印　　装：云南报业传媒（集团）有限责任公司
开　　本：889mm×1194mm　1/16
印　　张：7.875
字　　数：99千字
版　　次：2023年1月第1版
印　　次：2023年1月第1次印刷
书　　号：ISBN 978-7-5482-4704-3
定　　价：68.00元

社　　址：云南省昆明市一二一大街182号（云南大学东陆校区英华园内）
邮　　编：650091
电　　话：（0871）65033244　65031071
网　　址：http://www.ynup.com
E-mail：market@ynup.com

若发现本书有印装质量问题，请与印厂联系调换，联系电话：0871-64142540。

内容简介

　　本书是伊犁河底栖动物的采集与识别工作的总结与介绍，以新疆伊犁河为例，展示了伊犁河三大支流特克斯河、巩乃斯河和喀什河的源头溪流内大型底栖无脊椎动物的种类、分布、形态。伊犁河流域风景秀美，常常令人流连忘返，希望通过本书可以让人们在欣赏美丽的伊犁河时，也了解到在时而湍急、时而涓涓细流的河流中也生活着许多"不为人知"的小生命，激发大家亲近自然、走进自然的热情，共同维护我们的家园。本书由5章构成。

　　第1章为伊犁河流域介绍，同时展示了伊犁河源头溪流的景观地貌和水文、水质特征等。

　　第2章主要介绍了底栖动物的概念，底栖动物的常见种类及其生活史特征。详细描述并展示了底栖动物的生活状态与栖息生境，并介绍了底栖动物在生态环境中扮演着怎样的角色、在水环境中发挥着怎样的功能。不同的底栖动物动物类群往往指示着不同的水质特征，如蜉蝣目、襀翅目和毛翅目通常生活于清澈洁净的水质中，对环境变化十分敏感。通过功能摄食类群划分的介绍，了解底栖动物的食物来源及获取食物的方式。

　　第3章介绍了在采集工作开始前需要准备的工具、着装和采集流程与方法。采集底栖动物的工具种类较多，目前国内外在采集方法和采集用具上还没有统一的规范，但基本的方法、用具是一样的。本书中主要采用索伯网和D形踢网进行底栖动物样本采集。接下来介绍了野外调查时如何观察、选取合适的采样点，测量环境参数的仪器，如何使用采集工具及如何挑选和保存底栖动物。当然，最重要的是野外采样的注意事项。

第 4 章介绍底栖动物的识别。识别和鉴定工作一般在室内进行。本章首先介绍了底栖动物鉴定时的必备工具和相关工具书，鉴定时要轻轻夹出底栖动物，放置于培养皿中，尽量避免破坏虫体结构。接下来以流程图的方式简单明了地概括出如何快速鉴定出属水平的底栖动物。

第 5 章介绍了伊犁河源头溪流的底栖动物采集调查内容，重点展示在各源头溪流采集到的底栖动物名录，以及各个鉴定细节的照片和形态，描述了其栖息生境特征和功能摄食类群。

前　言

　　伊犁河是流经中国与哈萨克斯坦的国际河流，位于中国天山水资源最丰富的山段，也是新疆径流量最丰富的河流。河流全长约 1236千米，流域面积约 15.1 万平方千米。其中，中国境内的河长约 442千米，流域面积约 5.6 万平方千米。全流域处于迎风面，降水丰富，谷地年均降水量约 300 mm，山地年均降水量 500~1000 mm。伊犁河谷为典型的受河谷控制的山间谷地，气候属于温带大陆性气候。伊犁河主要由三大支流组成，分别是巩乃斯河、特克斯河以及喀什河。伊犁河各主要支流得益于均匀的降水和冰川的有效调节，植被资源与矿产资源丰富。

　　生物多样性是生态文明建设的重要内容，为促进生态文明建设，我国开展了生态红线划定、以国家公园为主体的自然保护地体系建山水林田湖草生态修复等工作。伊犁河谷拥有丰富的生物资源，但也面临着经济发展与生态保护的矛盾。伊犁河中的底栖动物是研究河流生态系统的重要部分，对底栖动物种类的识别与分类能够方便我们更好地保护伊犁河的生物多样性。

　　然而，如何将底栖动物的知识普及给人们，如何让人们在识别底栖动物的过程中享受乐趣、增强保护意识，是我们需要思考的问题。我们在伊犁河采集大型底栖无脊椎动物时，常遇到游客走过来观察与询问，他们对我们的采集调查工作产生满满的好奇。我们也很喜欢与热情的游客分享我们的工作与采集的方法，介绍采集到了多少种底栖动物，这些底栖动物在生态系统中扮演着什么样的角色等。

一些游客发出感叹，这么清澈的河流中竟然生活着这么多从未听说过的小生命。当地的牧民甚至说喝了一辈子的水，竟然没发现河水里面生活着这些小精灵。也有游客在感叹着生物的美妙时，对同行的小朋友解释着保护生物多样性是很重要的事情。

基于生态文明建设的需求和人们对生物多样性的热情，我们从科研工作者的角度，根据科普教育的需要，将调查的伊犁河大型底栖无脊椎动物的种类、采集与鉴定方法，以及伊犁河的自然风光与采样河流的水质水文特征等方面做了总结与介绍，编写了这本书。一方面将生态文明与生物多样性保护的国家政策方针落到实践当中；另一方面使人们在游玩和调查的同时有所收获和参考。

《伊犁河底栖动物的采集与识别》一书收录了伊犁河三大支流的 14 条源头溪流的底栖动物样本，包括 9 目 29 科 39 亚科 / 属。重点介绍了底栖动物的分类、识别特征、栖息生境、功能摄食类群等信息。希望本书可为相关爱好者提供底栖动物的采集与鉴定的相关知识，并为河流生态学、水生生物生态学等相关专业的科研工作者和管理人员提供线索与参考。

目录

伊犁河底栖动物的
采集与识别

第1章

伊犁河的特征

1.1 流域概况

伊犁河是亚洲中部的内陆河，是跨越中国与哈萨克斯坦的国际河流，属巴尔喀什湖水系。伊犁河流域是古丝绸之路北线和新亚欧大陆桥的要道，是东西文化交流地，是中亚草原文化发源地，历史文化悠久，古迹众多。新疆境内伊犁河流域形似向西开口的三角形，有3条自西向东逐渐收缩的山脉，全流域处于迎风面，降水丰富，谷地年降水量约300 mm，山地年降水量500~1000 mm。

伊犁河流域地处天山山脉腹地，北部、东北部分别以北天山山脉的博罗科努山和依连哈比尔尕山山脊为分水岭，与艾比湖流域和玛纳斯河流域毗邻；东南面、南面分别以中天山山脉的那拉提山脊以及与之西连的南天山山脉的科克铁克山和哈尔克他乌山山脊为界，分别与开都河流域和阿克苏河流域相连；西面与哈萨克斯坦接壤。伊犁河国内部分的地理坐标为北纬 42° 02′ ~ 44° 30′、东经 80° 31′ ~ 84° 57′，河流自源头依次流经中国境内的昭苏县、特克斯县、巩留县、新源县、尼勒克县、察布查尔锡伯自治县、伊宁县、伊宁市、霍城县及新疆生产建设兵团农四师的 19 个团场。伊犁河全长 1236 千米，其中中国境内河长 442 千米，流域面积 5.6 万平方千米。（百度网）

伊犁河主要由三大支流组成：①特克斯河。为伊犁河西源，亦为最大支流，发源于汗腾格里峰北坡，河流由西南向东北进入新疆后经昭苏县、特克斯县，在巩留县、新源县、尼勒克县交界处与东侧的巩乃斯河汇合后称伊犁河。②巩乃斯河。为伊犁河东源南支，发源于和静县西北角安迪尔山南坡，向西穿过新源县境，至巩留县与特克斯河汇合。③喀什河。为伊犁河东源北支，源于天山北支南坡，向西穿过尼勒克县，至伊宁县雅马渡汇入伊犁河。最终伊犁河流至哈萨克斯坦的巴尔喀什湖中，我国境内的伊犁河水系见图1-1。

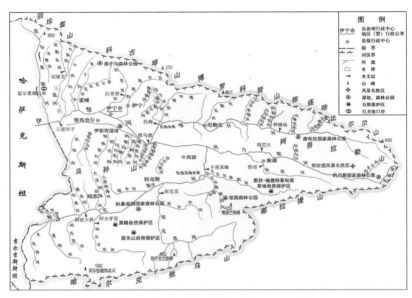

图1-1 伊犁河水系图（仿王世江，2010）

1.2 溪流特征与景观

1.2.1 特克斯河的特征与景观

1. 恰西河

恰西河（图1-2至图1-5）距巩留县东南72 km，全长约50 km，发源于那拉提山北坡，为小吉尔格朗河源头支流之一，最终流入特克斯河。流域地势南

图1-2 恰西河上游景观

高北低，上游山顶终年冰雪覆盖，中下游两岸树木密集。流经恰西国家森林公园内，景区是由古冰碛堰塞湖形成的自然风景区。传说恰西原是一位美丽的蒙古公主，随父一起出巡牧地来到恰西，被如同仙境般的恰西美景所深深打动和感染，以致迷恋至深，留连忘返。父王被爱女迷恋山水的深情话语和挚爱情感所深深打动，于是顺遂爱女心愿，将恰西牧地及牧帐一起赐给公主，作为公主及其后人的世袭领地，同时为表达对爱女的钟爱和思念，赐地名为恰西。每年 4 月，恰西河进入汛期，此时冰川积雪逐渐开始融化，水质混浊，泥沙含量较高。水流速度较快，可达 1.78 m/s；水温较低，为 6.93℃左右。河床稳定性较高，底质中 10 cm 以下泥沙、沙砾占 35%，10 cm 以上卵石、砾石占 65%。

图 1-3 恰西河上游河流底质

图 1-4 恰西河下游景观

2. 库克苏河

库克苏在柯尔克孜语中

图 1-5 恰西河下游河流底质

意为"青色的河"。库克苏河（图 1-6 至图 1-9）是特克斯河的主要支流之一，由南而北将特克斯县城分割为东西两块，发源于和静县科克铁克山北坡的冰川区，海拔 4525 m，全长 208 km，流域面积 5666 km²。沿途由多条支流汇集而成，由东向西然后向北注入特克斯河。沿途有阿克库勒湖和霍斯库勒湖的冰雪固体湖水补充，还有库尔代河（库尔代河的支流有琼库什台河、克什库什台河、喀英德河）、近特格尔河及沿岸众多的沟、泉水汇入，河水水流湍急且有瀑布，两岸山体陡峭，地质风貌奇特。在春夏两季，河水清澈呈蓝色，个别河段变成乳白色，

图 1-6 库克苏河上游景观

图 1-7 库克苏河上游河流底质

图 1-8 库克苏河下游景观

图 1-9 库克苏河下游河流底质

美不胜收。水流速度为 0.36~0.91 m/s，水温在 3.35~5.25℃。河床稳定性较高，底质中 10 cm 以下泥沙、沙砾占 30%，10 cm 以上卵石、砾石占 70%。

3. 阿合牙孜河

阿合牙孜，哈萨克语意为"白色的山口"。位于昭苏县南部，距县城约 45 km。阿合牙孜河（图 1-10 至图 1-13）发源于天山主脉哈尔克他乌山北

图 1-10 阿合牙孜河远景（一）

坡，是特克斯河最大的支流，年均流量 48.8 m³/s，年径流量为 15.38 亿立方米，总河长约 117 km，水能蕴藏量为 265800 KW，上游流向自东而西，中游突然转为自南向北，在南北海拔 1900~2100 m 处的中游河段，谷地平坦开阔，谷宽约 0.6~1.2 km，长约 16 km，形成优美的风景河段。

阿合牙孜河每年 4 月汛期开始，河水碧绿如玉，流速较快，可

图 1-11 阿合牙孜河远景（二）

达 0.98 m/s，从此月开始水位逐渐升高，水温 2.50~5.35℃。该河为典型的高海拔山区溪流，以冰川积雪补水为主。河道自然弯曲、浅滩深潭交替。河床稳定性较高，底质中 10 cm 以下泥沙、沙砾占 15%，10 cm 以上卵石、砾石占 85%。

图 1-12 阿合牙孜河近景

图 1-13 阿合牙孜河河流底质

4. 阿克苏河

阿克苏河（图 1-14 至图 1-19）古称察罕乌苏河，位于察汗乌

图 1-14 阿克苏河上游景观

图 1-15 阿克苏河上游河流底质

苏蒙古族乡，距昭苏县 58 km，河长 72 km，流域面积 563 km²，发源于哈尔克他乌山北坡冰川区，流域最高海拔 4368 m，为特克斯河南岸支流。

阿克苏河每年4月为枯水末期，岸边偶有积雪。水质清澈，流速慢，

图 1-16 阿克苏河中游景观

图 1-17 阿克苏河中游河流底质

图 1-18 阿克苏河下游景观

图 1-19 阿克苏河下游河流底质

水位低，水温低，接近 2.33~4.58℃。4 月，上游河流较窄，为 1 m 左右，下游 5 m 左右，为典型的高海拔山区溪流，河水以冰川积雪补给为主。河道自然弯曲、浅滩深潭交替。河床稳定性较高，底质中 10 cm 以下泥沙、沙砾占 40%，10 cm 以上卵石、砾石占 60%。

5. 夏塔河

夏塔，蒙古语意为"阶梯"。夏塔河（图 1-20 至图 1-23）流经夏塔景区，是特克斯河的第四大支流，由木扎特河和东都果尔河

图 1-20 夏塔河景观（一）

图 1-21 夏塔河景观（二）

汇聚而成，发源于天山汗腾格里峰北坡，河流全长 75km，流域面积 1228 km²。沿着木扎特河朔河而上，是著名的夏塔古道，曾是伊犁通往南疆的交通要道，也是丝绸之路上最为险峻的一条著名古隘道。翻过木扎尔特达坂，就到了南疆的拜城县。顺着夏塔河的东岸向下走五六千米，就到了乌孙古墓群和夏塔古城遗址。

夏塔河受到木扎尔特冰川融化的影响，每年 4 月开始逐渐进入

图 1-22 夏塔河河流   图 1-23 夏塔河河流底质

汛期。水流速度较快可达 1.05 m/s，水深可达 0.48 m。河床稳定性较高，底质中 10 cm 以下泥沙、沙砾占 20%，10 cm 以上卵石、砾石占 80%。

1.2.2 巩乃斯河的特征与景观

1. 巩乃斯河

巩乃斯，哈萨克语意为太阳出来的地方，古称空格斯河。发源于和静县艾肯达坂（海拔 3026 m），全长约 280 km，流域面积约 7707 km²。与特克斯河、喀什河同为伊犁河三大支流之一。流域北、东、南三面环山地势东高西低。河水湍急、清澈见底，河水自东向西，宛如平坦的画布。河谷四季分明，孕育了河岸的如茵绿草、肥美牛羊、健硕骏马。被牧民亲切地称为母亲河。

巩乃斯河每年 12 月至次年 2 月为枯水期，水质清澈，流速慢，水位低，水温低，接近 0℃。3~7 月为丰水期，汛期时水质浑浊，泥沙含量较高，流速达 0.75 m/s，水位高，水温 4.50~8.13℃。

8~11 月为平水期，水流、水位稳定，水温 5.25~10.11℃。河床底质 10 cm 以下泥沙、沙砾占 35%，10 cm 以上卵石、砾石占 65%。

4 月的巩乃斯河如图 1-24 至图 1-27 所示。

图 1-24　4 月的巩乃斯河上游景观

图 1-25　4 月的巩乃斯河上游底质

图 1-26　4 月的巩乃斯河下游景观

图 1-27　4 月的巩乃斯河下游底质

7月的巩乃斯河如图1-28至1-35所示。

图1-28 7月的巩乃斯河上游远景（一）

图1-29 7月的巩乃斯河上游远景（二）

图1-30 7月的巩乃斯河上游近景

图1-31 7月的巩乃斯河上游底质

图 1-32 7 月的巩乃斯河下游景观（一）　　图 1-33 7 月的巩乃斯河下游景观（二）

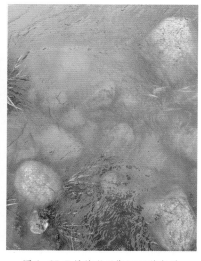

图 1-34 7 月的巩乃斯河下游近景　　图 1-35 7 月的巩乃斯河下游底质

2. 班禅沟

班禅沟紧靠国道 218 线，距离和静县 240 km，河流全长约

28 km，发源于依连哈比尔尕山，流入巩乃斯河。班禅沟原名察汗乌苏郭勒，蒙古语意为"白水沟"，1984 年，全国人大原副委员长、十世班禅额尔德尼·确吉坚赞在此地同根并蒂的 4 棵树下诵经，因此得名班禅沟。因受伊犁河谷暖湿气流影响，形成局部小气候。每年 5~8 月山花烂漫、绿草如茵。

班禅沟为典型的高海拔山区溪流，以冰川和积雪融化水、地下水补给为主。河道自然弯曲、浅滩深潭交替。河床稳定性较高，底质中 10 cm 以下泥沙、沙砾占 20%，10 cm 以上卵石、砾石占 80%。每年 12 月至次年 2 月为枯水期，水质清澈，流速慢，水位低，水温低，接近 0℃。3~7 月为丰水期，汛期时水质浑浊，泥沙含量较高，流速快处可达 1.00 m/s，水位高，水温 4.55~8.23℃。8~11 月为平水期，水流、水位稳定，水温 5.24~10.22℃。

图 1-36 4 月的班禅沟上游景观

图 1-37 4 月的班禅沟上游河流底质

4月的班禅沟如图1-36至图1-41所示。

图 1-38 4 月的班禅沟中游景观

图 1-39 4 月的班禅沟中游河流底质

图 1-40 4 月的班禅沟下游景观

图 1-41 4 月的班禅沟下游河流底质

7 月的班禅沟如图 1-42 至 1-45 所示。

图 1-42 班禅沟

图 1-43 7 月的班禅沟下游远景

图 1-44 7 月的班禅沟下游近景

图 1-45 7 月的班禅沟下游河流底质

3. 阿尔先沟

阿尔先，蒙古语意为"温泉""圣水"或"药泉"。阿尔先沟位于和静县内，河流全长约 34 km，河谷宽达 320 m，海拔

1860~2550 m。发源于依连哈比尔尕山，汇入巩乃斯河中。刚入山谷便可看到远山冰峰、近水奔腾的美景，两岸耸立着雪岭云杉和茵茵草地。距国道 218 线 28 km 处，坐落着一处天然温泉，泉水可达43~63℃，是富含氡、锶、镁等微量元素的优质氡泉。

阿尔先沟每年 12 月至次年 2 月为枯水期，水质清澈，流速慢，水位低，水温低，接近 0℃。3~7 月为丰水期，汛期时水质浑浊，泥沙含量较高，流速较快，可达 0.82 m/s，水位高，水温 4.68~8.38 ℃。8~11 月为平水期，水流、水位稳定，水温 5.12~10.08 ℃。

阿尔先沟河床底质 10 cm 以下泥沙、沙砾占 20%，10 cm 以上卵石、砾石占 80%。在丰水期，由于降水及河源的冰川、积雪的融化，会一定程度地提高泥沙的占比，洪水期过后恢复。我们在野外调查中发现，底栖动物多栖息在粗糙程度高的卵石上，且不同粒径的底质底栖动物的类群不同。

4 月的阿尔先沟如图 1-46 至图 1-49 所示。

图 1-46 4 月的阿尔先沟上游景观

图 1-47 4 月的阿尔先沟上游河流底质

图1-48 4月的阿尔先沟下游景观　　　图1-49 4月的阿尔先沟下游河流底质

7月的阿尔先沟如图1-50至图1-52所示。

图1-50 7月的阿尔　　图1-51 7月的阿尔　　图1-52 7月的阿尔
先沟上游景观　　　　先沟中游景观　　　　先沟下游河流底质

4. 拉斯台河

拉斯台河(图1-53至图1-58)位于那拉提镇东13 km的阿尔善村,

河长约 19 km，发源于依连哈比尔尕山西部，流入巩乃斯河。河岸两侧居住着大量牧民，形成草原、游牧、河流、山谷的美丽景观。

该河水质清洁，水流较缓，流速 0.41~0.64 m/s，水温 6.33~8.19℃。河床稳定性较高，底质中 10 cm 以下泥沙、沙砾占 45%，10 cm 以上卵石、砾石占 55%。

图 1-53 拉斯台河上游河流景观

图 1-54 拉斯台河上游河流底质

图 1-55 拉斯台河中游河流景观

图 1-56 拉斯台河中游河流底质

图 1-57 拉斯台河下游河流景观　　　　　图 1-58 拉斯台河下游河流底质

1.2.3 喀什河的特征与景观

1. 孟克德萨依河

孟克德萨依河（图 1-59 至图 1-63），又称木古提河。它位于孟克特峡谷中，发源于依连哈比尔尕山门克延达坂南坡，海拔3879 m。距尼勒克县城东 112 km，是喀什河水系的重要补给水源，并且有"千里画廊"美誉的唐布拉百里旅游区。孟克特是一处由沟岭相连的具有山峡、飞流、森林、草场、温泉、冰川、古道等多层次神异景观的风景区。有学者认为，远在西汉时期，乌孙西迁，就是由此进入伊犁河谷的。

每年 4 月，孟克德萨依河进入枯水期末期，水质清澈，但整体上水流较急，流速可达 1.56 m/s。水温较低，为 2.23~4.55℃。河床稳定性较高，底质中 10 cm 以下泥沙、沙砾占 15%，10 cm 以上卵石、砾石占 85%。

图 1-59 孟克德萨依河上游景观

图 1-60 孟克德萨依河中游景观

图 1-61 孟克德萨依河中游河流底质

图 1-62 孟克德萨依河下游景观　　　　　图 1-63 孟克德萨依河下游河流底质

2. 吐鲁更恰干河

吐鲁更恰干河（图 1-64 至图 1-67）距尼勒克县 77 km，河长 27 km，发源于天山依连哈比尔尕山南坡西部冰川区，流域面积 172 km²，流入喀什河。为国家级新疆黑蜂畜禽资源保种场东侧的源头溪流。

每年 4 月，吐鲁更恰干河受到积雪融化的影响，河水中泥沙含

图 1-64 吐鲁更恰干河景观（一）　　　　图 1-65 吐鲁更恰干河景观（二）

第 1 章　伊犁河的特征

量增高，水质混浊。水位较低，为 0.26~0.33m；水流较缓，流速为 0.36~0.62m/s，水温较低，在 1.41℃左右。河床稳定性较高，底质中

图 1-66 吐鲁更恰干河景观（三）   图 1-67 吐鲁更恰干河底质

10 cm 以下泥沙、沙砾占 25%，10 cm 以上卵石、砾石占 75%。

3. 阿勒沙郎河

阿勒沙郎河又称阿尔斯朗河，蒙古语意为"狮子"（图 1-68 至图 1-69）。距尼勒克县 65 km，河长 27 km，流域面积 172 km²，发源于天山依连哈比尔尕山南坡西部冰川区，源头由两大支流汇聚而成，最终流入喀什河。为国家级新疆黑蜂畜禽资源保种场西侧的源头溪流。

每年 4 月，阿勒沙郎河受到积雪融化的影响，河水中泥沙含量增高，水质混浊。水位较低，为 0.19~0.32 m；水流速度为 0.22~0.75 m/s，水温较低，在 3.13℃左右。河床稳定性较高，底质中 10 cm 以下泥沙、沙砾占 20%，10 cm 以上卵石、砾石占 80%。

图 1-68 阿勒沙郎河源头景观（一）

图 1-69 阿勒沙郎河源头景观（二）

4. 乌拉斯台河

"乌拉斯台"系蒙古语，意为"有白杨树的地方"。乌拉斯台河（图 1-70 至图 1-73）位于尼勒克县乌拉斯台乡境内，为喀什河上游右岸支流，发源于天山山脉博罗科努山南坡中山带，河流全长 22 km，流域面积 72 km²。流域最高海拔 3670 m，源头有一小湖。河流由北向南流到 12.5 km 处，右岸接纳同源同向的较大支流盖德戈里河后，在乌拉斯台村附近汇入喀什河。流域内高山区为寒冻剥蚀地貌，以黑钙土、高山草甸土为主；农区为河谷阶地地貌，以黑钙土为主，部分为栗钙土。区内矿产资源丰富，其中，焦煤分布面积最大，其他的还有长石、石英、铝土页岩、铁、铜、石灰石矿等。

每年 4 月乌拉斯台河进入汛期，水质混浊，水流较快，流速可达 0.57 m/s；水深 0.24~0.37 m，水温较低，在 4.35℃左右。河床稳定性较高，底质中 10 cm 以下泥沙、沙砾占 30%，10 cm 以上卵石、砾石

图1-70 乌拉斯台河上游远景

图1-71 乌拉斯台河近景

图1-72 乌拉斯台河中游近景

图1-73 乌拉斯台河河流底质

占70%。

5.巴尔尕依提河

巴尔尕依提河（图1-74至图1-76）位于尼勒克县东北40 km，河长约37 km，海拔1400~1600 m，发源于博罗科努山东部，流入喀什河。因有晚古生代宕纪末期形成的巴尔盖提温泉（天浴温泉）而闻名，温泉高出河床20~30 m，水温43℃，主要矿物质成分有硫、镁、锌、钾

图1-74 巴尔尕依提河流景观（一）

图1-75 巴尔朵依提河景观（二）

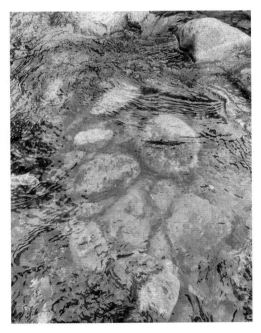

图1-76 巴尔朵依提河河流底质

等 32 种元素。

该河每年 4 月为丰水期初期，流速较高，最高可达 1.58 m/s，水位逐渐升高，水温在 4.35 ℃左右。河床稳定性较高，底质中 10 cm 以下泥沙、沙砾占 10%，10 cm 以上卵石、砾石占 90%。

第2章

底栖动物的生态作用

2.1 底栖动物的定义与底栖动物的生态作用

底栖动物的全称为"大型底栖无脊椎动物"，它们是生命周期的全部或部分时期生活于水体底部，且个体通常不能通过大于 0.5 mm 筛网的水生无脊推动物群。淡水中的底栖动物主要包括水生昆虫、软体动物、蛛形纲、软甲纲、寡毛纲、蛭纲、涡虫纲等。

底栖动物是淡水生态系统最丰富的类群之一，在水生生态系统的物质循环与能量流动中起着重要作用。在水生生态系统的食物链中处于关键环节，扮演着"中间人"的角色。许多底栖动物吞咽泥土，吸取底泥中的有机质作为营养，且能在水体底部翻匀底质，因此可以促进有机质分解。底栖动物又是经济水生动物，是鱼类、河蟹等的天然优质食料。如果水生生态系统中底栖动物群衰退或消失，将导致食物链的上端鱼群相应减少甚至消失，也不能使水体中的细菌和有机质充分消耗，降低了水生生态系统内部能量处理的效率，导致更严重的生态失衡。因此，底栖动物群落在很大程度上反映了整个水生生态系统的健康程度，常作为指示物种用于生态评价。

2.2 溪流常见的底栖动物

2.2.1 蜉蝣目

蜉蝣目是人们比较熟悉的一类昆虫，古人早就有关于"蜉蝣"的描述。它们的稚虫生活在水中，隐而不露；它们对水质的要求较高，浊而不染。成虫阶段没有取食器官，不能进食，而生活期一般只有 1

天左右，非常短暂，所谓"朝生暮死"指的就是它们。蜉蝣目为不完全变态昆虫目，稚虫大部分具有复眼、3 条分节的尾须以及位于腹侧的鳃。它们的分布范围广泛，在河流的上游和下游都存在。

蜉蝣的生活史分为 4 个阶段：卵、稚虫、亚成虫、成虫。在蜉蝣的生命结束之前，雌虫会在水中产下它们的卵，这些卵的表面具有黏性的细丝，可以附着在水草或是藻类上面孵化成长。蜉蝣稚虫水生，生活在淡水湖或溪流中。稚虫期数月至 1 年或 1 年以上，蜕皮 20~24 次，多者可达 40 次。稚虫充分成长后，或浮升到水面，或爬到水边石块或植物茎上，日落后羽化为亚成虫。亚成虫与成虫相似，已具发达的翅，出水后停留在水域附近的植物上。一般经 24 小时左右蜕皮为成虫。

2.2.2 襀翅目

襀翅目是一类古老的原始昆虫。根据发现的化石，早在恐龙出现以前，襀翅目就在地球上活动了。因为经常栖息在山溪的石面上，所以这一目的昆虫也被人们称为"石蝇"。该目昆虫的稚虫和成虫是许多淡水鱼类的重要食料。同时，稚虫因喜在溪流等含氧量高的水中生活，可作为测定山溪水质污染的指示生物之一。襀翅目稚虫大部分具有 3 只单眼，触角分节且明显长于头部，腹侧没有鳃，颈部可能具有鳃。它们在河流的上游和下游都存在。

其生活史分为 3 个阶段：卵、稚虫、成虫。大多数种类需要 2 年才能完成 1 代，部分种类为一化性，生活史为 6 个月至 1 年。黑襀科活跃阶段通常是在冬季或早春，也就是 11 月到次年 6 月的时候。黑襀科的幼虫喜欢生活在冰雪覆盖的溪水中，所以也被称为"冬石蝇"。襀翅目稚虫蜕皮次数至少为 6 次，最多为 20 多次。老熟稚虫在羽化时钻出水面，将自己固定在某一支撑物上，继而进行成虫蜕皮阶段。成虫可存活 1~4 周。部分种类在冬季羽化，它们的生活史相对更长。

2.2.3 毛翅目

毛翅目，因翅面和身体表面具有毛而得名。成虫通常称为石蛾，幼虫通常称为石蚕。毛翅目广泛分布于世界各生物地理区域，是水生昆虫中最大的类群之一。石蛾又是许多鱼类的主要食物来源，在流水生态系统的食物链中占据重要位置。毛翅目幼虫一般头上具有成对的复眼，复眼前面着生有一对大触角。腹部由 9 节组成，各节多丛生气管鳃。腹部末端有一对带钩的足。幼虫多筑巢生活，在河流的上游和下游都存在。

毛翅目的生活史分为卵、幼虫、蛹、成虫 4 个阶段。多数种类 1 年发生 1~2 代，但也有 1 年发生 2~3 代的。成虫一般集中产卵，可能将卵产在水中、基质或岸边植被上。卵孵化后，初孵幼虫迅速向四处扩散。蛹期一般在水中，在蛹期的最后阶段，蛹借助上颚将茧或巢的内壁撕破。成虫不取食，它们的寿命因种类不同而异，一般不超过 1 个月。

2.2.4 双翅目

双翅目广泛分布于世界各大洲，冰川河流中常见的类群就是双翅目，有些种类还生活于咸水生境（海边）。双翅目昆虫属于完全变态的昆虫，幼虫的大部分具有伪足或匍匐痕，头壳分为显头型（头壳完全骨化）、半头型（头壳部分骨化并可在前胸内自由伸缩）和无头型（头壳完全退化并可在前胸内自由伸缩）。它们在河流的上游和下游都存在。

大部分双翅目的生活史可分为 4 个阶段：卵、幼虫、蛹、成虫。大部分种类为两性生殖。部分摇蚊科种类为孤雌生殖。成虫的寿命一般比较短，但具有很强的飞行能力。产卵方式一般以卵块产在凝胶状基质中或者产在水面，然后通过水的表面张力作用聚集成一堆。

不同科的生活史也存在巨大的差异：从几周（蚊科和摇蚊科）至1~2年（部分虻科）。大多数种类是一化性，只有少数种类为多化性。

2.2.5 广翅目

广翅目是完全变态类昆虫中最原始的类群，是联系不完全变态和完全变态类昆虫的关键类群。全世界已知300余种，分布在世界各地。幼虫具单眼，触角有4节，腹部有7对细长、分节或不分节且缘毛的气管鳃，腹部末端延长，成长尾状。

广翅目的生活史要经历卵、幼虫、蛹、成虫4个阶段。卵呈长椭圆形，一般以卵块产在水边的植物叶片、枝干石块上。卵期1~3周，主要与环境的温度相关。孵化后幼虫进入水中生活。幼虫期较长，大于1年，占整个生活史的大部分时间。生活在季节性河流的种类具有夏眠的习性，直到雨季时才爬出活动。幼虫成熟后从水中爬出，在岩石、树桩下掘一土室化蛹。蛹期4~30天不等，多受温度影响。随后进行羽化，齿蛉科会爬到地面羽化，其他种也有在蛹室中直接羽化的。成虫寿命较短，约1周。雌雄异型，活动能力弱，夜间活跃，有趋光性。雌性可分泌香味化学信号吸引雄虫。相遇后便开始求爱、交配。底栖动物的生命周期为2~3年，幼虫有10个龄期。

2.2.6 端足目

端足目幼虫体型多侧扁，分为头、胸、腹3个体部。淡水中有少数种，全世界已知6000多种。淡水中常见的端足目为钩虾科，钩虾科身体非常扁，背部隆起，略像大型跳蚤。颜色通常为灰色，也有的为白色和褐色。大部分很小，较大的个体身体长度可达1.3 cm。是各种鱼类的重要食物来源。多生活于溪流的上游。

端足目产卵的高峰季节为3~4月。交配时，雄个体抱住雌个体的背部，此阶段可在水中持续1周左右，随后待雌性蜕皮发育，雄性与雌性腹面相拥进行交配，直到雌性排卵后，雄性才离开。卵于抱卵囊中受精、发育，幼虫从卵中孵化后的形态结构与成虫体相似。幼虫经过 1 次蜕皮后才离开抱卵囊，约 10 次蜕皮后，3~4 个月便达到性成熟。其发育的快慢多受水温的影响。寿命多为 1 年左右。

2.2.7 真螨目

真螨目中常见的淡水类群属于辐螨亚目，称为水螨。水螨是淡水真螨目中数量最多、物种最丰富的一类。水螨体长大者 2~3 mm，小者 0.3~0.4 mm，体躯为球形或稍圆盘形，也有稍扁平的。一般背面凸出，而腹面扁平。体色多为鲜明的红、橙、青、绿等色，或粟色中有黄、白等斑点，极为美丽，但在静水中潜入土中的种类，则为暗色。

雌性成螨一次约可产下 20~200 颗具胶质的卵，卵孵化出来时为只具有 3 对足的幼螨。进入后若螨期，再羽化出来时为具有四对脚的后若螨，后若螨行捕食性的自由生活，捕捉水生昆虫、贝类、甲壳类或其他的螨类为生，后若螨体型较扁平，且骨质化不深，以便取食后膨胀身体。

2.3 底栖动物功能摄食类群

河流中底栖动物的摄食可由食物来源和食物获取方式进行分类。根据 Poff（2006）的分类方法，可将底栖动物功能摄食类群划分为收集者（Collector-gatherer）、滤食者（Collector-filterer）、刮食者（Scraper）、捕食者（Predator）和撕食者（Shredder）。功能摄食类群的食物来源和捕食机制见表 2-1。

表 2-1 河流中底栖动物的功能摄食类群

功能摄食类群	食物来源	捕食机制	举例
收集者	细颗粒有机物和微生物，特别是细菌和生物膜	收集表面沉积物，啃食易变质的基质	多数为蜉蝣目、摇蚊科和蠓科稚虫
滤食者	细颗粒有机物和微生物，特别是水柱中的细菌和小型自养生物	使用刚毛、其他特异器官和分泌物等收集颗粒	毛翅目、双翅目（蚋科等）、蜉蝣目稚虫
刮食者	周丛藻类，特别是细菌和生物膜	刮、擦、锉、啃食	蜉蝣目、鳞翅目、鞘翅目和一些双翅目稚虫
捕食者	其他底栖动物、小型鱼类、两栖类等	啮、咬、刺穿	蜻蜓目、广翅目、毛翅目、双翅目和真螨目及部分襀翅目稚虫
撕食者	木质或非木质的粗颗粒有机物，主要是凋落叶及相关微生物，特别是真菌	咀嚼和钻食	部分毛翅目、双翅目及襀翅目、软甲纲、端足目稚虫

2.4 底栖动物生活型

2.4.1 筑巢固着在基质上（石头、凋落叶等）

石蛾幼虫以建筑能手著称，它们能营造各种不同形状和质地的网、隐蔽居室及可携带的巢。多数幼虫自行以沙粒、贝壳碎片或植物碎片筑成可拖带移动的巢壳。唇腺分泌丝质物质，用以将这些材料黏结成壳。筑巢能够帮助它们摄取食物、抵御天敌、对抗水流等。管形巢不仅为石蛾幼虫提供了栖息场所，还大大减少了受捕获者的袭击；并且通常在其进口处纺一丝网，以从流水中收集有机质颗粒为食（图2-1）。

舌石蛾科幼虫利用岩石碎片营建马鞍形或龟壳形可携带巢，在岩石表面缓缓爬行取食硅藻及有机质颗粒，化蛹时纺丝将马鞍形巢固定在石块下表面，并结茧化蛹于内（图2-2）。部分短石蛾科的巢由植物碎片筑成，呈长方形，横截面呈四方形。幼虫喜欢大量聚集在面朝水流的石块、树枝或沉水植物等物体的表面（图2-3）。除了石蛾可以筑巢外，部分摇蚊幼虫也可筑巢（图2-4）。摇蚊幼虫在巢中生活，巢不仅是它们的居住场所，还能帮它们摄取食物，因此筑巢实际上是幼虫的摄食行为之一。摇蚊幼虫营巢后开始滤食，幼虫借助头部器官与前原足，在巢的出口用唾液腺所分泌的丝织成小网，这时幼虫转向过来，头对向巢的进口，身体作波浪状运动，构成一股流向丝网的水流，微粒食物被网滤下。食物滤满后，摇蚊幼虫回转身来，把网和滤下的

图2-1 鳞石蛾科幼虫以小砂砾筑造的圆筒形巢

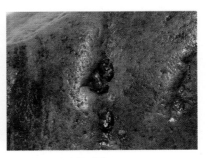

图2-2 舌石蛾科幼虫以小碎石筑造的马鞍形巢

图 2-3 短石蛾科幼虫以小树枝的碎屑筑造的方形筒巢

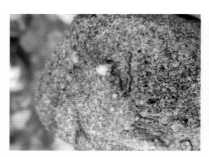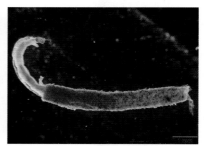

图 2-4 摇蚊及其巢

食物全部吃下，接着再结新网，继续滤食。

2.4.2 附着在溪流的底质中

一些底栖动物常生活在石头表面或凋落叶中。扁蜉科幼虫身体扁平，有吸盘，能够固着在石头表面，防止被水流冲走（图2-5）。蚋科幼虫腹末具有臀足（图2-6），网蚊科幼虫体节腹面具有圆环吸盘，可以固着在石头上（图2-7）。

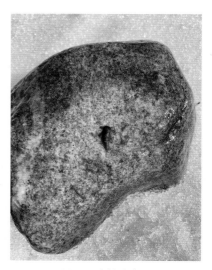

图 2-5 扁蜉科幼虫

图 2-6 扁蜉科幼虫

图 2-7 双翅目蚋科幼虫

图 2-8 双翅目网蚊科幼虫

2.5 底栖动物生境与水质特征

由于底栖动物对环境敏感，人们常把它们作为指示物种，用于生态评价。不同类群的底栖动物往往存在于不同栖息生境与水质特征的溪流中。

2.5.1 蜉蝣目

蜉蝣目在静水和流水生境中均有存在。部分蜉蝣目生活在缓流区底质的泥质生境中，部分蜉蝣目生活在激流区的流水生境中，在浅滩中的砾石、圆石表面和沙砾底质中均有生存。蜉蝣目稚虫是未受干扰河流中底栖动物群落的重要组成部分，主要生活于清澈洁净的水质中。总体而言，它们对污染敏感，在污染的情况下常常最先消失，是周围水体环境变化的良好指示物种。

2.5.2 襀翅目

襀翅目稚虫一般喜欢生活在洁净、含氧充足和低温的流动水体中的巨石表面、大小卵石缝隙、碎屑堆积物以及落叶堆等栖息地中。大多数种类对污染非常敏感，即使轻微的污染也会引起其死亡。如果水质干净清澈，襀翅目幼虫就会很多；一旦水体被污染，那么襀翅目幼虫就不会在这里生活。部分种类还有喜冷水特性，正是因为这样的特性，襀翅目成了小溪或河流水质的指示昆虫。

2.5.3 毛翅目

毛翅目幼虫用气管鳃或通过体渗透呼吸水中溶解氧，对氧的要求很高，水体中的溶解氧含量常常是决定其分布类型的主要环境因子之一，它们多生活在溶解氧高的水域中。大部分筑巢生活的幼虫固着在浅滩的大石块表面或细沙底质中。毛翅目幼虫多生活在清澈洁净的湖泊和溪流中，偏爱较冷而无污染的水域，其生态适应性相对较弱，是显示水流污染程度的较好的指示昆虫。

2.5.4 双翅目

双翅目幼虫在各种生境中存在，并且对各种极端生存条件有不同的适应能力。双翅目昆虫呈现出最大的耐污范围，在污染严重时常常不会消失，这使得它们在水质评价中具有重要价值。

2.5.5 广翅目

广翅目幼虫多栖息于溪流或其他含氧高的流水生境中。幼虫大部分对水质变化敏感，生活于清洁水质中，可用于水质生物检测。也有耐污性强的物种，如黑鱼蛉属（*Nigronia*）和泥蛉属（*Sialis*）。一些种类有食用和药用价值。

2.5.6 端足目

端足目多生活于流水生境，在浅滩中经常出现。部分端足目种类对污染沉积物、有毒物非常敏感，可作为沉积物环境质量研究、生态毒理学检的实验生物。

2.5.7 真螨目

水螨栖息在几乎所有类型的水生生境中，在静水水体中很常见，如沼泽、湿地、池塘和湖泊等。有些物种适宜生活在像温泉、冰雪融水河流、临时性池塘、瀑布和砾石河床底部潜流层这样的环境中。水螨是栖息地质量良好的指示生物。水螨在受到化学污染或物理干扰的恶劣栖息地中多样性会急剧下降。

第3章

底栖动物的采集

3.1 环境特征调查

3.1.1 合理选择采样区域

野外调查采样点的代表性要强，应选择那些具有典型水域特性的地区和地带。通常布设断面必须考虑几个因素，如底质、水深、流速以及水体受污染情况等。在调中布置采样站点的原则是：选取生境类型多样，流速、水深、底质组成具有代表性的河段进行采样。通常采用索伯网和 D 形踢网进行定量与定性采集，采集 3-5 个样方。深水区可采用彼德逊采泥器，并在多处采集。

3.1.2 环境数据获取

在采样的同时，测定河流的一些环境数据，如河宽、水深、流速、水温、底质类型等。河宽可使用米尺测定，水深可使用自制测高杆测定（图 3-1）。流速使用 LS300-A 便携式流速分析仪测定断面 0.6 倍水深处的流速（图 3-2）。水质由水质仪（ Hanna, HI9829T ）测定（图 3-3 ）。溪流底质根据 Cummins（1962）

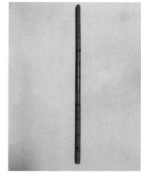

图 3-1 自制测高杆

图 3-2 流速仪

图 3-3 水质仪

提出的划分方法将底质分为细沙（< 2 mm）、砂砾（2~16 mm）、卵石（16~64 mm）、圆石（64~256 mm）、漂砾（> 256 mm）。

3.2 采样工具与方法

3.2.1 着装与装备

采样人员穿戴水裤或靴子（图 3-4、3-5）。冬季时为了保暖，可在水裤里加一双粘袜（图 3-6），并贴上暖足贴（图 3-7）。河水通常很凉，采样时需戴上手套保暖、防水（图 3-8）。下雨时采样需备上雨衣、雨伞等工具（图 3-9、3-10），确保采样顺利进行。野外实验时也可自备保温壶（图 3-11）。

图 3-5 靴子

图 3-4 水裤

图 3-6 粘袜

图 3-7 暖贴

图 3-8 手套

图 3-9 雨伞

图 3-10 雨衣

图 3-11 水壶

3.2.2 底栖动物的采集方法和工具

底栖动物的采集有多种采样方法，每种采样方法需要借助专门的采样工具。本书介绍索伯网法、D 形网法、手捡法 3 种方便且适合伊犁河源头溪流采样的方法，此外还有三角踢网法、采泥器法、人工基质采样法等。

①索伯网法：为定量采集方式，可测得单位面积下底栖动物的量。采样时水平样方面积为 30 cm × 30 cm 的正方形，将索伯网（图 3-12）的口对着水流方向放置，利用小铲子（图 3-13）在样方中向上铲动底质，由于虫体较轻，它们会被水流冲入网中。

②D 形网法：为定性（半定量）采集方式。定性（半定量）采集的主要目的是要采集到所有种类的底栖生物；本方法也可作为半

定量采集,但只能大致测得网前单位面积下底栖动物的量。顾名思义,D形网的网口为"D"形(图3-14),使用时同样将网口对着水流放置,用脚在网口前搅动底质,使虫体被水流冲入网中。D形网法可在更复杂的生境中采集,如水草较多的生境等。

③手捡法:一些底栖生物会附着于石头上,可用镊子或毛刷将其挑拣于样本瓶中。

配套的采样工具还有:桶和盆(图3-15、3-16),用于储存和转移河水;筛网(图3-17),用于过滤筛选底栖动物;镊子(图3-18),用于挑选和转移底栖动物;封口袋(图3-19),用于保存采集的底栖动物;马克笔(图3-20),用于标记地点和日期。

图 3-13 铲子

图 3-12 索伯网

图 3-14 D 形踢网

图 3-15 桶

图 3-16 盆

图 3-17 筛网

图 3-18 镊子

图 3-19 封口袋

图 3-20 马克笔

图 3-21 用铁铲搅动底质

图 3-22 用脚搅动底质

3.2.3 采样过程

我们采用索伯网或 D 形网进行采样。将索伯网（网径 40 目，面积 0.09 m²）或 D 形网对着水流放置于河床底质上，若索伯网样方中有大型石块，可先用毛刷仔细清洗，再用铁铲搅动石块下方的底质（图 3-21），搅动深度大于 10 cm，时间为 5min 左右，使附着在石块上的底栖动物和粒径较小的河床底质随水流流入网中。使用 D 形网时，可用脚在网前来回踢动底质（图 3-22）。之后，将网中的底质和虫子混合物放

图 3-23 将水倒入筛网

图 3-24 筛网中的样本

图 3-25 将样本转至封口袋中

图 3-26 用封口袋密封

入水桶中，注入河水，用手轻轻搅动。由于虫体较轻，离心力和水的浮力会使虫体浮于水面上，之后将桶上层的水倒入筛网（图3-23、图3-24），再从筛网转移至标记好地点和日期的封口袋中（图3-25），加入75%酒精溶液固定后密封保存，带回实验室镜检（图3-26）。

3.4 野外采样注意事项

3.4.1 正确地着装

山中天气多变,气温较低,晴天紫外线强,应准备厚和薄的衣服、遮阳帽、防晒霜等保暖、防晒物品。下水时要穿水裤或靴子,由于在河水中采样,最好不要带手链、戒指等首饰,保护好随身物品,防止进水。

3.4.2 安全意识

采样时应注意观察周围环境,听从团队指挥,切勿做危险动作,河水情况不明时不可下水采样,并时刻关注水情(如洪水来时立刻上岸)。务必随团队行动,不可单独出行。采样应规范操作,并准备充分(包括带上采样工具、一些急救药品等)。

图 3-27 镊子

3.5 底栖动物样本的分拣与保存

在实验室内,首先将封口袋上标记的地点和日期标记到 50 mL 的标本瓶上,瓶内倒入 75% 的酒精。然后将封口袋中的所有采集物倒入白瓷盘中,除去细砂、枯叶等杂质。用镊子将所有底栖动物依次放入标本瓶中进行长期保存。需注意酒精挥发,适时补充 75% 的酒精。工具及示意图见图 3-27 至图 3-31。

图 3-28 白瓷盘

图 3-29 酒精

图 3-30 挑选样品

图 3-31 保存样品

第4章

底栖动物的识别

4.1 鉴定工具介绍

需要用到的鉴定工具有培养皿（图4-1）、镊子、解剖针（图4-2）、解剖镜（图4-3）和检索书籍。培养皿用于放置底栖动物，镊子用于挑选出底栖动物，解剖针用于固定虫体，解剖镜的型号为Olympus SZX10。

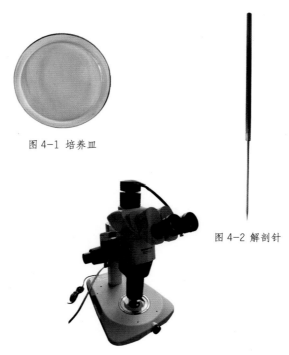

图4-1 培养皿

图4-2 解剖针

图4-3 解剖镜

图4-4 鉴定工具书

4.2 鉴定过程

首先在培养皿中倒入适量 75% 的酒精，然后用镊子将标本瓶中的底栖动物放到培养皿中。将培养皿放入解剖镜下，用解剖针小心翻转底栖动物，调节粗准焦螺旋和细准焦螺旋观察虫体各部分的结构特征，根据检索书籍确定底栖动物的种类，通常鉴定至属。根据显微成像系统，将底栖动物的照片保存至电脑中（图4-5）。

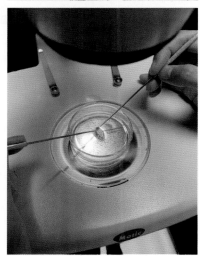

图 4-5 在解剖镜下观察鉴定

4.3 底栖动物的识别方法

根据采集到的底栖动物种类，我们归纳了识别方法，见图4-6
至图4-10。

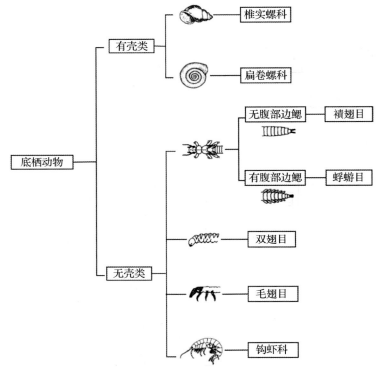

图 4-6 底栖动物识别流程

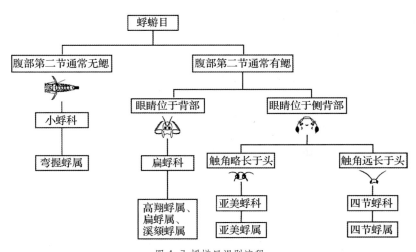

图 4-7 蜉蝣目识别流程

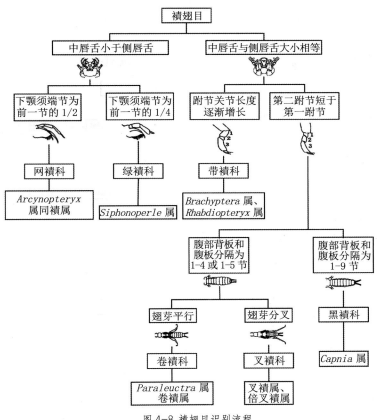

图 4-8 襀翅目识别流程

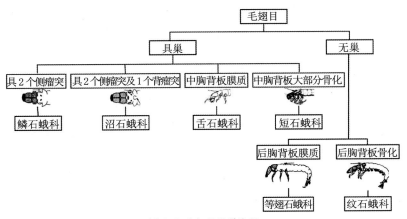

图 4-9 毛翅目识别流程

伊犁河底栖动物的
采集与识别

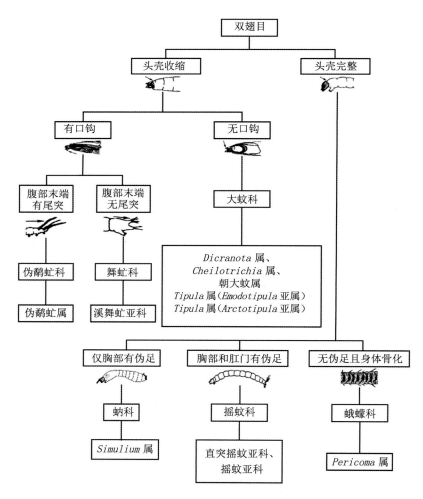

图 4-10 双翅目识别流程

第5章

溪流底栖动物图鉴

5.1 溪流底栖动物种类名录

5.1.1 特克斯河底栖动物名录

1. 恰西河

我们于 2021 年 4 月（春季）在恰西河采样，共采集到 17 个分类单元的底栖动物，隶属于 6 目、14 科、17 亚科 / 属。其中襀翅目 2 属，蜉蝣目 3 属，双翅目 7 属，毛翅目 3 属，基眼目 1 属，真螨目 1 属（见表 5-1）。

表 5-1 恰西河底栖动物名录

纲	目	科	亚科 / 属
昆虫纲 Insecta	襀翅目 Plecoptera	网襀科 Perlodidae	同襀属 *Isoperla*
		叉襀科 Nemouridae	倍叉襀属 *Amphinemura*
	蜉蝣目 Ephemeroptera	扁蜉科 Heptageniidae	高翔蜉属 *Epeorus*
			溪颏蜉属 *Rhithrogena*
		四节蜉科 Baetidae	四节蜉属 *Baetis*
	双翅目 Diptera	大蚊科 Tipulidae	*Dicranota* 属
			Tipula 属
			Emodotipula 亚属
			Hexatoma 属
		摇蚊科 Chironomidae	直突摇蚊亚科 Orthocladiinae
		蚋科 Simuliidae	*Simulium* 属
		蛾蠓科 Psychodidae	*Pericoma* 属

伊犁河底栖动物的
采集与识别

纲	目	科	亚科 / 属
昆虫纲 Insecta	双翅目 Diptera	伪鹬虻科 Athericidae	伪鹬虻属 Atherix
	毛翅目 Trichoptera	鳞石蛾科 Lepidostomatidae	Theliopsyche 属
		短石蛾科 Brachycentridae	Brachycentrus 属
		纹石蛾科 Hydropsychidae	Hydropsyche 属
腹足纲 Castropoda	基眼目 Basommatophora	椎实螺科 Lymnaeidae	土蜗属 Galba
蛛形纲 Arachnida	真螨目 Acariformes	水螨群 Hydrachnidia	

2. 库克苏河

我们于 2021 年 4 月（春季）在库克苏河采样，共采集到 10 个分类单元的底栖动物，隶属于 4 目、9 科、10 亚科 / 属。其中襀翅目 2 属，蜉蝣目 2 属，双翅目 6 属，毛翅目 1 属（见表 5-2）。

表 5-2 库克苏河底栖动物名录

纲	目	科	亚科 / 属
昆虫纲 Insecta	襀翅目 Plecoptera	网襀科 Perlodidae	同襀属 Isoperla
		黑襀科 Capniidae	Capnia 属
	蜉蝣目 Ephemeroptera	扁蜉科 Heptageniidae	溪颏蜉属 Rhithrogena
		四节蜉科 Baetidae	四节蜉属 Baetis
	双翅目 Diptera	大蚊科 Tipulidae	Tipula 属 Emodotipula 亚属 Cheilotrichia 属
		摇蚊科 Chironomidae	直突摇蚊亚科 Orthocladiinae

纲	目	科	亚科 / 属
昆虫纲 Insecta	双翅目 Diptera	蚋科 Simuliidae	*Simulium* 属
		舞虻科 Empididae	溪舞虻亚科 Clinocerinae
		伪鹬虻科 Athericidae	伪鹬虻属 *Atherix*
	毛翅目 Trichoptera	鳞石蛾科 Lepidostomatidae	*Theliopsyche* 属
		纹石蛾科 Hrdropsychidae	*Hydropsyche* 属

3. 阿合牙孜河

我们于 2021 年 4 月（春季）在阿合牙孜河采样，共采集到 10 个分类单元的底栖动物，隶属于 4 目、7 科、10 亚科 / 属。其中襀翅目 1 属，蜉蝣目 3 属，双翅目 5 属 / 亚科，毛翅目 1 属（见表 5-3）。

表 5-3 阿合牙孜河底栖动物名录

纲	目	科	亚科 / 属
昆虫纲 Insecta	襀翅目 Plecoptera	黑襀科 Capniidae	*Capnia* 属
	蜉蝣目 Ephemeroptera	扁蜉科 Heptageniidae	高翔蜉属 *Epeorus*
			溪颏蜉属 *Rhithrogena*
		亚美蜉科 Ameletidae	亚美蜉属 *Ameletus*
	双翅目 Diptera	大蚊科 Tipulidae	*Dicranota* 属
			Tipula 属 *Emodotipula* 亚属
			Hexatoma 属
		摇蚊科 Chironomidae	直突摇蚊亚科 Orthocladiinae
		蚋科 Simuliidae	*Simulium* 属
	毛翅目 Trichoptera	短石蛾科 Brachycentridae	*Brachycentrus* 属

伊犁河底栖动物的
采集与识别

4. 阿克苏河

我们于 2021 年 4 月（春季）在阿克苏河采样，共采集到 16 个分类单元的底栖动物，隶属于 5 目、13 科、16 亚科 / 属。其中襀翅目 1 属，蜉蝣目 4 属，双翅目 6 属 / 亚科，毛翅目 4 属，广翅目 1 属（见表 5-4）。

表 5-4　阿克苏河底栖动物名录

纲	目	科	亚科 / 属
昆虫纲 Insecta	襀翅目 Plecoptera	网襀科 Perlodidae	同襀属 *Isoperla*
	蜉蝣目 Ephemeroptera	扁蜉科 Heptageniidae	高翔蜉属 *Epeorus*
			溪颏蜉属 *Rhithrogena*
		四节蜉科 Baetidae	四节蜉属 *Baetis*
		亚美蜉科 Ameletidae	亚美蜉属 *Ameletus*
	双翅目 Diptera	大蚊科 Tipulidae	*Dicranota* 属
			Tipula 属 *Emodotipula* 亚属
		摇蚊科 Chironomidae	直突摇蚊亚科 Orthocladiinae
		蚋科 Simuliidae	*Simulium* 属
		舞虻科 Empididae	溪舞虻亚科 Clinocerinae
		蛾蠓科 Psychodidae	*Pericoma* 属
	毛翅目 Trichoptera	沼石蛾科 Limnephilidae	*Pseudostenophylax* 属
		鳞石蛾科 Lepidostomatidae	*Thliopsyche* 属
			Lepidostoma 属
		短石蛾科 Brachycentridae	*Brachycentrus* 属
	广翅目 Megaloptera	齿蛉科 Corydalidae	星齿蛉属 *Protohermes*

5. 夏塔河

我们于 2021 年 4 月（春季）在夏塔河采样，共采集到 8 个分类单元的底栖动物，隶属于 4 目、7 科、8 亚科 / 属。其中襀翅目 2 属，蜉蝣目 1 属，双翅目 4 属 / 亚科，毛翅目 1 属（见表 5-5）。

表 5-5 夏塔河底栖动物名录

纲	目	科	亚科 / 属
昆虫纲 Insecta	襀翅目 Plecoptera	黑襀科 Capniidae	*Capnia* 属
		叉襀科 Nemouridae	叉襀属 *Nemoura*
	蜉蝣目 Ephemeroptera	扁蜉科 Heptageniidae	高翔蜉属 *Epeorus*
	双翅目 Diptera	大蚊科 Tipulidae	*Dicranota* 属
			Tipula 属 *Emodotipula* 亚属
		摇蚊科 Chironomidae	直突摇蚊亚科 Orthocladiinae
		蚋科 Simuliidae	*Simulium* 属
	毛翅目 Trichoptera	鳞石蛾科 Lepidostomatidae	*Theliopsyche* 属

5.1.2 巩乃斯河底栖动物名录

1. 巩乃斯河

我们于 2021 年 4 月（春季）和 7 月（夏季）在巩乃斯河采样，春季共采集到 11 个分类单元的底栖动物，隶属于 4 目、10 科、11 亚科 / 属。其中襀翅目 1 属，蜉蝣目 2 属，双翅目 6 属 / 亚科，毛翅目 2 属（见表 5-6）。

伊犁河底栖动物的
采集与识别

表 5-6 巩乃斯河春季底栖动物名录

纲	目	科	亚科 / 属
昆虫纲 Insecta	襀翅目 Plecoptera	网襀科 Perlodidae	同襀属 *Isoperla*
	蜉蝣目 Ephemeroptera	扁蜉科 Heptageniidae	高翔蜉属 *Epeorus*
		亚美蜉科 Ameletidae	亚美蜉属 *Ameletus*
	双翅目 Diptera	大蚊科 Tipulidae	*Dicranota* 属
			Tipula 属 *Emodotipula* 亚属
		摇蚊科 Chironomidae	直突摇蚊亚科 Orthocladiinae
		蚋科 Simuliidae	*Simulium* 属
		舞虻科 Empididae	溪舞虻亚科 Clinocerinae
		蛾蠓科 Psychodidae	*Pericoma* 属
	毛翅目 Trichoptera	鳞石蛾科 Lepidostomatidae	*Thliopsyche* 属
		短石蛾科 Brachycentridae	*Brachycentrus* 属

　　夏季共采集到 7 个分类单元的底栖动物，隶属于 5 目、7 科、7 亚科 / 属。其中襀翅目 1 属，蜉蝣目 1 属，双翅目 2 属 / 亚科，毛翅目 2 属，端足目 1 属（表 5-7）。

表 5-7 巩乃斯河夏季底栖动物名录

纲	目	科	亚科 / 属
昆虫纲 Insecta	襀翅目 Plecoptera	叉襀科 Nemouridae	叉襀属 *Nemoura*
	蜉蝣目 Ephemeroptera	四节蜉科 Baetidae	四节蜉属 *Baetis*

纲	目	科	亚科 / 属
昆虫纲 Insecta	双翅目 Diptera	摇蚊科 Chironomidae	直突摇蚊亚科 Orthocladiinae
		蛾蠓科 Psychodidae	*Pericoma* 属
	毛翅目 Trichoptera	鳞石蛾科 Lepidostomatidae	*Theliopsyche* 属
		短石蛾科 Brachycentridae	*Brachycentrus* 属
软甲纲 Malacostraca	端足目 Amphipoda	钩虾科 Gammaridae	钩虾属 *Gammarus*

2. 班禅沟

我们于 2021 年 4 月（春季）和 7 月（夏季）在班禅沟采样，春季共采集到 10 个分类单元的底栖动物，隶属于 3 目、7 科、10 亚科 / 属。其中蜉蝣目 5 属，双翅目 4 属 / 亚科，毛翅目 1 属（见表 5–8）。

表 5–8 班禅沟春季底栖动物名录

纲	目	科	亚科 / 属
昆虫纲 Insecta	蜉蝣目 Ephemeroptera	扁蜉科 Heptageniidae	高翔蜉属 *Epeorus*
			微动蜉属 *Cinygmula*
			溪颏蜉属 *Rhithrogena*
		四节蜉科 Baetidae	四节蜉属 *Baetis*
		亚美蜉科 Ameletidae	亚美蜉属 *Ameletus*
	双翅目 Diptera	大蚊科 Tipulidae	*Dicranota* 属
			Tipula 属 *Emodotipula* 亚属
		蚋科 Simuliidae	*Simulium* 属
		舞虻科 Empididae	溪舞虻亚科 Clinocerinae
	毛翅目 Trichoptera	沼石蛾科 Limnephilidae	*Pseudostenophylax* 属

第 5 章　溪流底栖动物图鉴

伊犁河底栖动物的
采集与识别

夏季共采集到 9 个分类单元的底栖动物，隶属于 5 目、8 科、9 亚科 / 属。其中襀翅目 2 属，蜉蝣目 2 属，双翅目 3 属 / 亚科，毛翅目 1 属，端足目 1 属（见表 5-9）。

表 5-9 班禅沟夏季底栖动物名录

纲	目	科	亚科 / 属
昆虫纲 Insecta	襀翅目 Plecoptera	网襀科 Perlodidae	同襀属 *Isoperla*
		叉襀科 Nemouridae	叉襀属 *Nemoura*
	蜉蝣目 Ephemeroptera	四节蜉科 Baetidae	四节蜉属 *Baetis*
		亚美蜉科 Ameletidae	亚美蜉属 *Ameletus*
	双翅目 Diptera	大蚊科 Tipulidae	*Dicranota* 属
			Hexatoma 属
		摇蚊科 Chironomidae	直突摇蚊亚科 Orthocladiinae
	毛翅目 Trichoptera	短石蛾科 Brachycentrida	*Brachycentrus* 属
软甲纲 Malacostraca	端足目 Amphipoda	钩虾科 Gammaridae	钩虾属 *Gammarus*

3. 阿尔先沟

我们于 2021 年 4 月（春季）和 7 月（夏季）在阿尔先沟采样，春季共采集到 16 个分类单元的底栖动物，隶属于 4 目、11 科、16 亚科 / 属。其中襀翅目 1 属，蜉蝣目 4 属，双翅目 9 属 / 亚科，毛翅目 2 属（见表 5-10）。

表 5-10 阿尔先沟春季底栖动物名录

纲	目	科	亚科 / 属
昆虫纲 Insecta	襀翅目 Plecoptera	网襀科 Perlodidae	同襀属 *Isoperla*
	蜉蝣目 Ephemeroptera	扁蜉科 Heptageniidae	高翔蜉属 *Epeorus*
			溪颏蜉属 *Rhithrogena*
		四节蜉科 Baetidae	四节蜉属 *Baetis*
		亚美蜉科 Ameletidae	亚美蜉属 *Ameletus*
	双翅目 Diptera	大蚊科 Tipulidae	*Dicranota* 属
			朝大蚊属 *Antocha*
			Tipula 属 *Emodotipula* 亚属
			Tipula 属 *Arctotipula* 亚属
		摇蚊科 Chironomidae	直突摇蚊亚科 Orthocladiinae
			摇蚊亚科 Chironominae
		蚋科 Simuliidae	*Simulium* 属
		舞虻科 Empididae	溪舞虻亚科 Clinocerinae
		蛾蠓科 Psychodidae	*Pericoma* 属
	毛翅目 Trichoptera	鳞石蛾科 Lepidostomatidae	*Theliopsyche* 属
		短石蛾科 Brachycentridae	*Brachycentrus* 属

夏季共采集到 10 个分类单元的底栖动物，隶属于 4 目、8 科、10 亚科 / 属。其中襀翅目 1 属，蜉蝣目 3 属，双翅目 5 属 / 亚科，毛翅目 1 属（见表 5-11）。

表 5-11 阿尔先沟夏季底栖动物名录

纲	目	科	亚科 / 属
昆虫纲 Insecta	襀翅目 Plecoptera	网襀科 Perlodidae	同襀属 *Isoperla*
	蜉蝣目 Ephemeroptera	扁蜉科 Heptageniidae	高翔蜉属 *Epeorus*
		四节蜉科 Baetidae	四节蜉属 *Baetis*
		亚美蜉科 Ameletidae	亚美蜉属 *Ameletus*
	双翅目 Diptera	大蚊科 Tipulidae	*Dicranota* 属
			Tipula 属 *Acutipula* 亚属
			Hexatoma 属
		摇蚊科 Chironomidae	直突摇蚊亚科 Orthocladiinae
		舞虻科 Empididae	溪舞虻亚科 Clinocerinae
	毛翅目 Trichoptera	鳞石蛾科 Lepidostomatidae	*Theliopsyche* 属

4. 拉斯台河

我们于 2021 年 4 月（春季）在拉斯台河采样，共采集到 18 个分类单元的底栖动物，隶属于 5 目、14 科、18 亚科 / 属。其中襀翅目 1 属，蜉蝣目 5 属，双翅目 7 属 / 亚科，毛翅目 4 属，端足目 1 属（见表 5-12）。

表 5-12 拉斯台河底栖动物名录

纲	目	科	亚科 / 属
昆虫纲 Insecta	襀翅目 Plecoptera	网襀科 Perlodidae	*Arcynopteryx* 属
	蜉蝣目 Ephemeroptera	扁蜉科 Heptageniidae	高翔蜉属 *Epeorus*
			溪颏蜉属 *Rhithrogena*

纲	目	科	亚科/属
昆虫纲 Insecta	蜉蝣目 Ephemeroptera	四节蜉科 Baetidae	四节蜉属 *Baetis*
		亚美蜉科 Ameletidae	亚美蜉属 *Ameletus*
		小蜉科 Ephemerellidae	弯握蜉属 *Drunella*
	双翅目 Diptera	大蚊科 Tipulidae	*Dicranota* 属
			朝大蚊属 *Antocha*
			Hexatoma 属
		摇蚊科 Chironomidae	直突摇蚊亚科 Orthocladiinae
			摇蚊亚科 Chironominae
		蚋科 Simuliidae	*Simulium* 属
		蛾蠓科 Psychodidae	*Pericoma* 属
	毛翅目 Trichoptera	沼石蛾科 Limnephilidae	*Pseudostenophylax* 属
		鳞石蛾科 Lepidostomatidae	*Theliopsyche* 属
		短石蛾科 Brachycentridae	*Brachycentrus* 属
软甲纲 Malacostraca	端足目 Amphipoda	钩虾科 Gammaridae	钩虾属 *Gammarus*

5.1.3 喀什河底栖动物名录

1. 孟克德萨依河

我们于 2021 年 4 月（春季）在孟克德萨依河采样，共采集到 21 个分类单元的底栖动物，隶属于 5 目、17 科、21 亚科 / 属。其中襀翅目 5 属，蜉蝣目 3 属，双翅目 8 属 / 亚科，毛翅目 4 属，端足目 1 属（见表 5–13）。

表 5-13 孟克德萨依河底栖动物名录

纲	目	科	亚科 / 属
昆虫纲 Insecta	襀翅目 Plecoptera	黑襀科 Capniidae	*Capnia* 属
		卷襀科 Leuctridae	*Leuctra* 属
		网襀科 Perlodidae	同襀属 *Isoperla*
		叉襀科 Nemouridae	叉襀属 *Nemoura*
			倍叉襀属 *Amphinemura*
	蜉蝣目 Ephemeroptera	扁蜉科 Heptageniidae	高翔蜉属 *Epeorus*
			溪颏蜉属 *Rhithrogena*
		亚美蜉科 Ameletidae	亚美蜉属 *Ameletus*
	双翅目 Diptera	大蚊科 Tipulidae	*Dicranota* 属
			朝大蚊属 *Antocha*
			Tipula 属 *Emodotipula* 亚属
		摇蚊科 Chironomidae	摇蚊亚科 Chironominae
		蚋科 Simuliidae	*Simulium* 属
		舞虻科 Empididae	溪舞虻亚科 Clinocerinae
		蛾蠓科 Psychodidae	*Pericoma* 属
		网蚊科 Blephariceridae	*Hapalothrix* 属
	毛翅目 Trichoptera	沼石蛾科 Limnephilidae	*Pseudostenophylax* 属
		鳞石蛾科 Lepidostomatidae	*Theliopsyche* 属
		短石蛾科 Brachycentridae	*Brachycentrus* 属
		舌石蛾科 Glossosomatidae	*Glossosoma* 属
软甲纲 Malacostraca	端足目 Amphipoda	钩虾科 Gammaridae	钩虾属 *Gammarus*

5.2 底栖动物分类图鉴

5.2.1 软体动物门 Mollusca

腹足纲 Gastropoda

（1）基眼目 Basommatophora

**基眼目 Basommatophora，扁卷螺科 Planorbidae，
茴芹螺属 *Anisus***

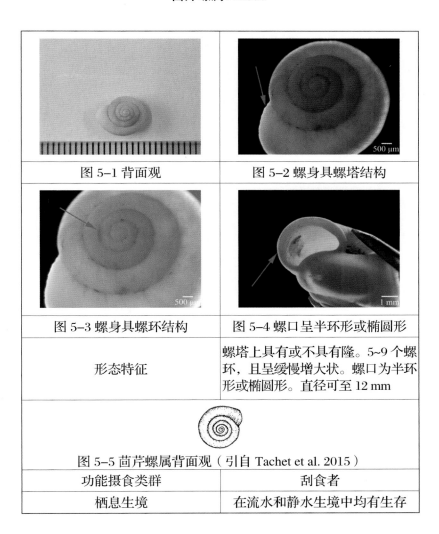

图 5-1 背面观	图 5-2 螺身具螺塔结构
图 5-3 螺身具螺环结构	图 5-4 螺口呈半环形或椭圆形
形态特征	螺塔上具有或不具有隆。5~9 个螺环，且呈缓慢增大状。螺口为半环形或椭圆形。直径可至 12 mm
图 5-5 茴芹螺属背面观（引自 Tachet et al. 2015）	
功能摄食类群	刮食者
栖息生境	在流水和静水生境中均有生存

基眼目 Basommatophora，椎实螺科 Lymnaeidae，土蜗属 *Galba*

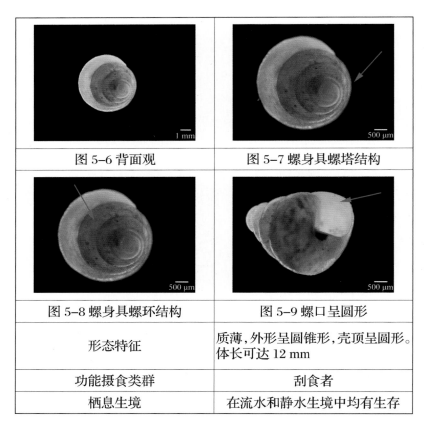

图 5-6 背面观	图 5-7 螺身具螺塔结构
图 5-8 螺身具螺环结构	图 5-9 螺口呈圆形
形态特征	质薄，外形呈圆锥形，壳顶呈圆形。体长可达 12 mm
功能摄食类群	刮食者
栖息生境	在流水和静水生境中均有生存

（2）原始腹足目 Archaeogastropoda

原始腹足目 Archaeogastropoda，艀螺科 Hydrobiidae，
Bythiospeum 属

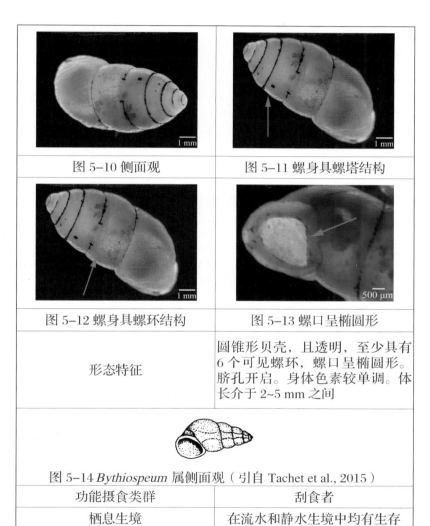

图 5-10 侧面观	图 5-11 螺身具螺塔结构
图 5-12 螺身具螺环结构	图 5-13 螺口呈椭圆形
形态特征	圆锥形贝壳，且透明，至少具有 6 个可见螺环，螺口呈椭圆形。脐孔开启。身体色素较单调。体长介于 2~5 mm 之间

图 5-14 *Bythiospeum* 属侧面观（引自 Tachet et al., 2015）

功能摄食类群	刮食者
栖息生境	在流水和静水生境中均有生存

原始腹足目 Archaeogastropoda，觽螺科 Hydrobiidae，*Belgrandia* 属

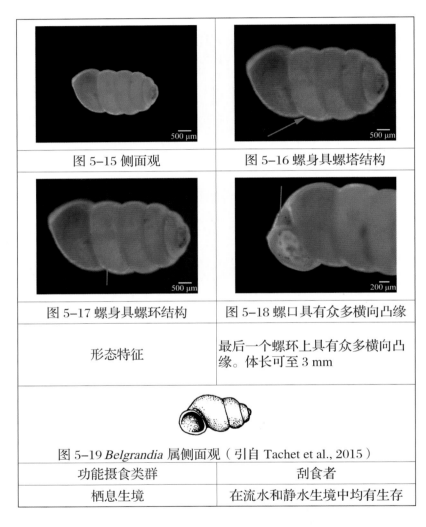

图 5-15 侧面观	图 5-16 螺身具螺塔结构
图 5-17 螺身具螺环结构	图 5-18 螺口具有众多横向凸缘
形态特征	最后一个螺环上具有众多横向凸缘。体长可至 3 mm

图 5-19 *Belgrandia* 属侧面观（引自 Tachet et al., 2015）

功能摄食类群	刮食者
栖息生境	在流水和静水生境中均有生存

5.2.2 节肢动物门 Arthropoda

1. 昆虫纲 Insecta

（1）蜉蝣目 Ephemeroptera

蜉蝣目 Ephemeroptera，扁蜉科 Heptageniidae，高翔蜉属 *Epeorus*

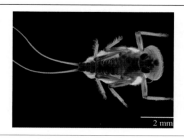 图 5-20 幼虫背面观	 图 5-21 腹部无丝状鳃
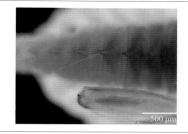 图 5-22 腹部背板中央的刺突	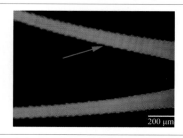 图 5-23 尾丝具有刺和细毛
形态特征	身体扁平，头大而宽。腹部没有丝状鳃，腹部背板中央可能具一对刺突。2 根尾丝，且具有刺和细毛

图 5-24 高翔蜉属背面观（引自 Webb and McCafferty, 2008）

功能摄食类群	收集者
栖息生境	多生活在流水生境的石块或凋落物等下表面

蜉蝣目 Ephemeroptera，扁蜉科 Heptageniidae，
溪颏蜉属 *Rhithrogena*

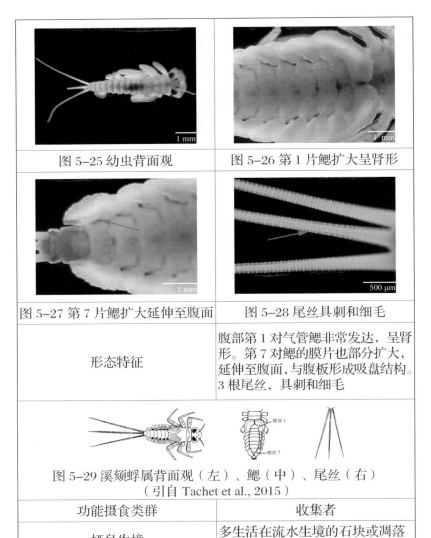

图 5-25 幼虫背面观	图 5-26 第 1 片鳃扩大呈肾形
图 5-27 第 7 片鳃扩大延伸至腹面	图 5-28 尾丝具刺和细毛

形态特征	腹部第 1 对气管鳃非常发达，呈肾形。第 7 对鳃的膜片也部分扩大，延伸至腹面，与腹板形成吸盘结构。3 根尾丝，具刺和细毛

图 5-29 溪颏蜉属背面观（左）、鳃（中）、尾丝（右）
（引自 Tachet et al., 2015）

功能摄食类群	收集者
栖息生境	多生活在流水生境的石块或凋落物等下表面

蜉蝣目 Ephemeroptera，扁蜉 Heptageniidae，
微动蜉属 Cinygmula

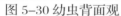

图 5-30 幼虫背面观

图 5-31 头壳前缘具明显的缺刻

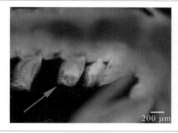

图 5-32 腹部鳃不扩大且无丝状鳃

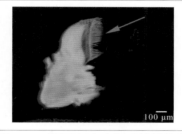

图 5-33 下颚端部密生细毛缺栉状齿

形态特征	头壳前缘具明显的缺刻。第 1 对和第 7 对鳃的膜片部分往往不扩大，且小于中间几对鳃，腹部中间几对鳃的丝状减少到 5 根以内或消失。下颚端部密生细毛而缺栉状齿。3 根尾丝

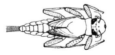

图 5-34 微动蜉属背面观（引自周长发等, 2015）

功能摄食类群	刮食者
栖息生境	多生活在流水生境的石块或凋落物等下表面

蜉蝣目 Ephemeroptera，小蜉科 Ephemerellidae，弯握蜉属 *Drunella*

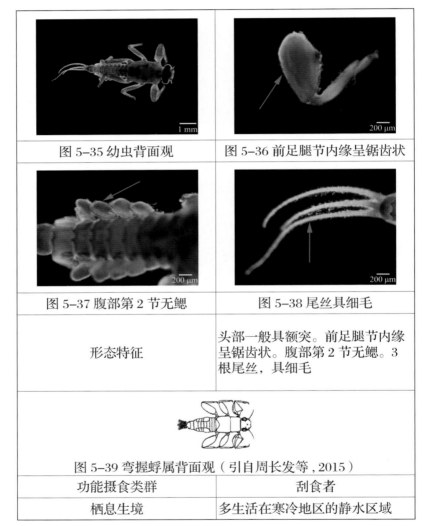

图 5-35 幼虫背面观	图 5-36 前足腿节内缘呈锯齿状
图 5-37 腹部第 2 节无鳃	图 5-38 尾丝具细毛
形态特征	头部一般具额突。前足腿节内缘呈锯齿状。腹部第 2 节无鳃。3 根尾丝，具细毛

图 5-39 弯握蜉属背面观（引自周长发等，2015）

功能摄食类群	刮食者
栖息生境	多生活在寒冷地区的静水区域

蜉蝣目 Ephemeroptera，四节蜉科 Baetidae，四节蜉属 *Baetis*

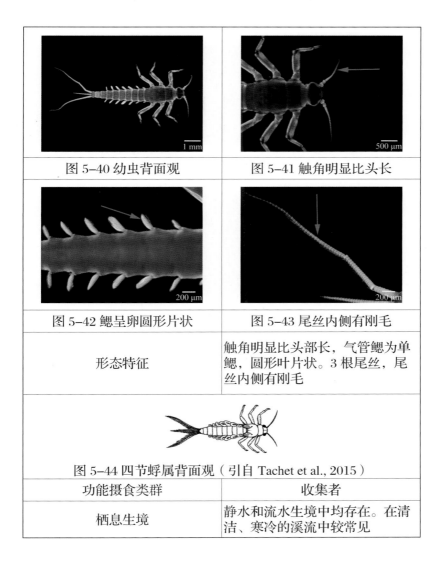

图 5-40 幼虫背面观	图 5-41 触角明显比头长
图 5-42 鳃呈卵圆形片状	图 5-43 尾丝内侧有刚毛
形态特征	触角明显比头部长，气管鳃为单鳃，圆形叶片状。3 根尾丝，尾丝内侧有刚毛

图 5-44 四节蜉属背面观（引自 Tachet et al., 2015）

功能摄食类群	收集者
栖息生境	静水和流水生境中均存在。在清洁、寒冷的溪流中较常见

蜉蝣目 Ephemeroptera，亚美蜉科 Ameletidae，
亚美蜉属 *Ameletus*

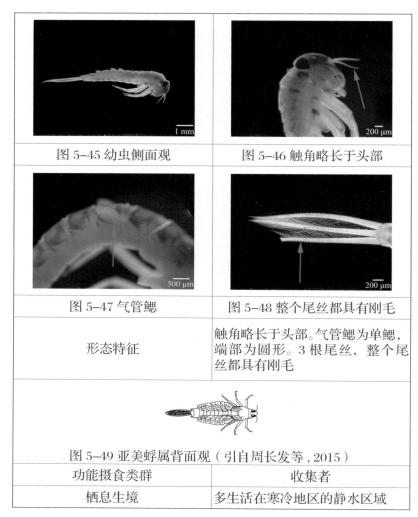

图 5-45 幼虫侧面观	图 5-46 触角略长于头部
图 5-47 气管鳃	图 5-48 整个尾丝都具有刚毛
形态特征	触角略长于头部。气管鳃为单鳃，端部为圆形。3 根尾丝，整个尾丝都具有刚毛

图 5-49 亚美蜉属背面观（引自周长发等，2015）

功能摄食类群	收集者
栖息生境	多生活在寒冷地区的静水区域

（2）襀翅目 Plecoptera

襀翅目 Plecoptera，网襀科 Perlodidae，同襀属 *Isoperla*

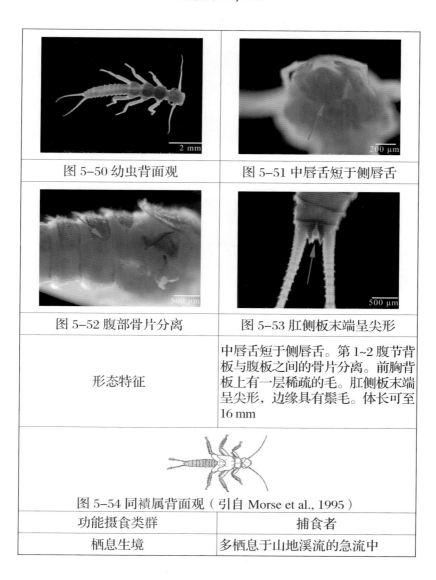

图 5-50 幼虫背面观	图 5-51 中唇舌短于侧唇舌
图 5-52 腹部骨片分离	图 5-53 肛侧板末端呈尖形
形态特征	中唇舌短于侧唇舌。第 1~2 腹节背板与腹板之间的骨片分离。前胸背板上有一层稀疏的毛。肛侧板末端呈尖形，边缘具有鬃毛。体长可至 16 mm

图 5-54 同襀属背面观（引自 Morse et al.，1995）

功能摄食类群	捕食者
栖息生境	多栖息于山地溪流的急流中

襀翅目 Plecoptera，网襀科 Perlodidae，
Arcynopteryx 属

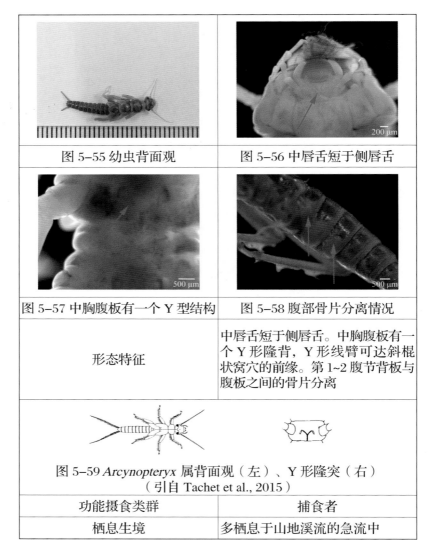

图 5-55 幼虫背面观	图 5-56 中唇舌短于侧唇舌
图 5-57 中胸腹板有一个 Y 型结构	图 5-58 腹部骨片分离情况
形态特征	中唇舌短于侧唇舌。中胸腹板有一个 Y 形隆背，Y 形线臂可达斜棍状窝穴的前缘。第 1~2 腹节背板与腹板之间的骨片分离

图 5-59 *Arcynopteryx* 属背面观（左）、Y 形隆突（右）
（引自 Tachet et al., 2015）

功能摄食类群	捕食者
栖息生境	多栖息于山地溪流的急流中

襀翅目 Plecoptera，黑襀科 Capniidae，
Capnia 属

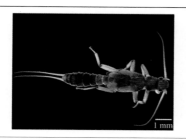

图 5-60 幼虫背面观

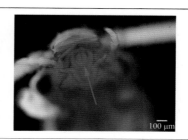

图 5-61 中唇舌与侧唇舌长度相等

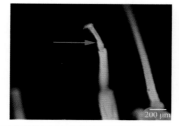

图 5-62 足的第 2 跗节比
第 1 跗节短

图 5-63 翅芽呈平行状

形态特征	中唇舌与侧唇舌长度相等，足的第2跗节比第1跗节短，翅芽呈平行状。后足伸展时长度不超过腹部末端。腹部背板和腹板骨片的分离清晰可见，体长可至 9 mm

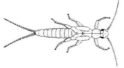

图 5-64 *Capnia* 属背面观（引自 Morse et al., 1995）

功能摄食类群	撕食者
栖息生境	栖息在溪边。幼虫在清洁水体中生活

伊犁河底栖动物的
采集与识别

襀翅目 Plecoptera，叉襀科 Nemouridae，
倍叉襀属 *Amphinemura*

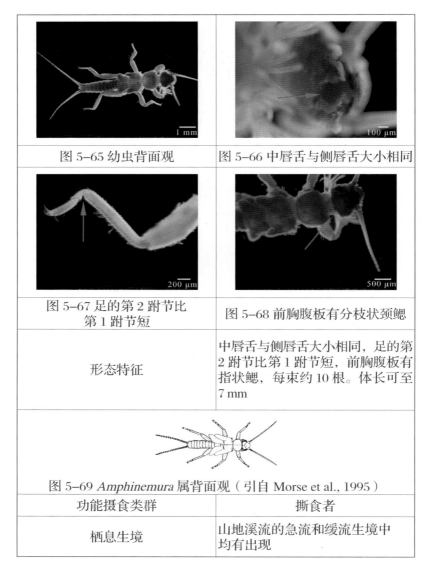

图 5-65 幼虫背面观	图 5-66 中唇舌与侧唇舌大小相同
图 5-67 足的第 2 跗节比 第 1 跗节短	图 5-68 前胸腹板有分枝状颈鳃
形态特征	中唇舌与侧唇舌大小相同，足的第 2 跗节比第 1 跗节短，前胸腹板有指状鳃，每束约 10 根。体长可至 7 mm

图 5-69 *Amphinemura* 属背面观（引自 Morse et al., 1995）

功能摄食类群	撕食者
栖息生境	山地溪流的急流和缓流生境中均有出现

襀翅目 Plecoptera，叉襀科 Nemouridae，
叉襀属 *Nemoura*

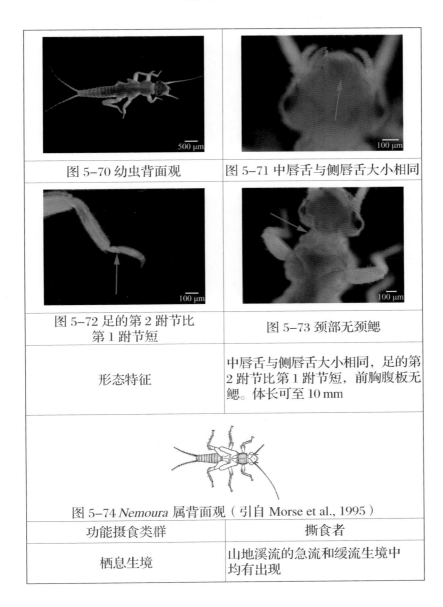

图 5-70 幼虫背面观	图 5-71 中唇舌与侧唇舌大小相同
图 5-72 足的第 2 跗节比 第 1 跗节短	图 5-73 颈部无颈鳃
形态特征	中唇舌与侧唇舌大小相同，足的第 2 跗节比第 1 跗节短，前胸腹板无鳃。体长可至 10 mm

图 5-74 *Nemoura* 属背面观（引自 Morse et al., 1995）

功能摄食类群	撕食者
栖息生境	山地溪流的急流和缓流生境中均有出现

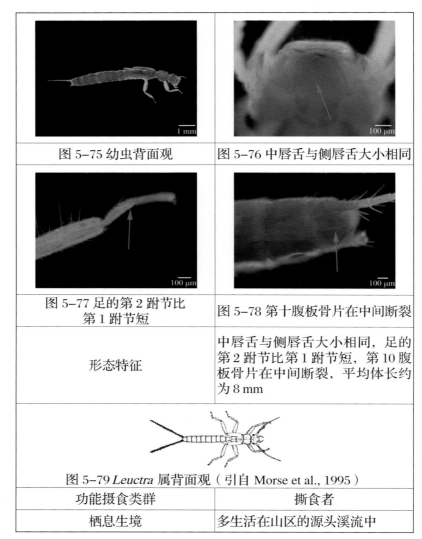

图 5-75 幼虫背面观	图 5-76 中唇舌与侧唇舌大小相同
图 5-77 足的第 2 跗节比第 1 跗节短	图 5-78 第十腹板骨片在中间断裂
形态特征	中唇舌与侧唇舌大小相同，足的第 2 跗节比第 1 跗节短，第 10 腹板骨片在中间断裂，平均体长约为 8 mm

图 5-79 *Leuctra* 属背面观（引自 Morse et al., 1995）

功能摄食类群	撕食者
栖息生境	多生活在山区的源头溪流中

襀翅目 Plecoptera，带襀科 Taeniopterygidae，*Rhabdiopteryx* 属

	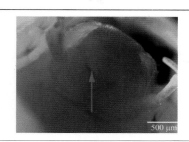
图 5-80 幼虫背面观	图 5-81 中唇舌与侧唇舌大小相同
	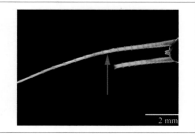
图 5-82 足的第 2 跗节与 第 1 跗节相等	图 5-83 尾须没有毛
形态特征	中唇舌与侧唇舌大小相同，足的第 2 跗节与第 1 跗节长度相等。腹部末节背板仅后缘具有鬃毛，尾须基部无毛。身体背面和腹面颜色一致。体长可至 10 mm

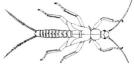

图 5-84 *Rhabdiopteryx* 属背面观（引自 Tachet et al., 2015）

功能摄食类群	刮食者
栖息生境	多生活在低温、清洁的溪流和河流中

伊犁河底栖动物的
采集与识别

（3）毛翅目 Trichoptera

毛翅目 Trichoptera，鳞石蛾科 Lepidostomatidae，
Theliopsyche **属**

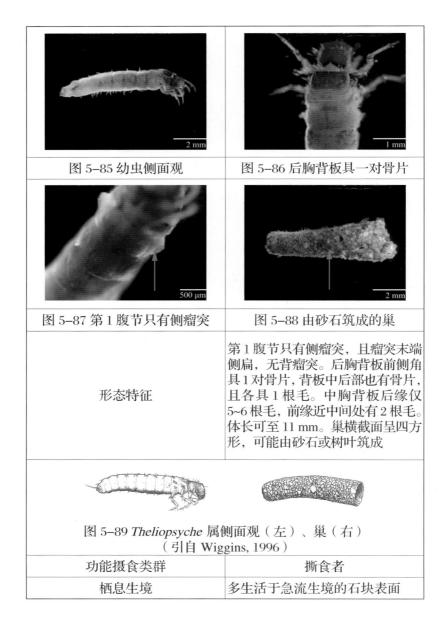

图 5-85 幼虫侧面观	图 5-86 后胸背板具一对骨片
图 5-87 第 1 腹节只有侧瘤突	图 5-88 由砂石筑成的巢
形态特征	第 1 腹节只有侧瘤突，且瘤突末端侧扁，无背瘤突。后胸背板前侧角具 1 对骨片，背板中后部也有骨片，且各具 1 根毛。中胸背板后缘仅 5~6 根毛，前缘近中间处有 2 根毛。体长可至 11 mm。巢横截面呈四方形，可能由砂石或树叶筑成
图 5-89 *Theliopsyche* 属侧面观（左）、巢（右）（引自 Wiggins, 1996）	
功能摄食类群	撕食者
栖息生境	多生活于急流生境的石块表面

毛翅目 Trichoptera，鳞石蛾科 Lepidostomatidae，*Lepidostoma* 属

图 5-90 幼虫侧面观

图 5-91 后胸背板有骨片

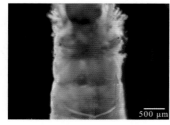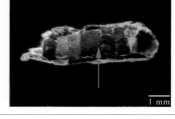

图 5-92 腹部第 1 节有侧瘤突

图 5-93 植物碎屑筑成的巢

形态特征	第 1 腹节只有侧瘤突，且瘤突末端侧扁，无背瘤突。后胸背板前侧角具 1 对骨片，背板中后部也有骨片，且各具 1 根毛。中胸背板后缘仅 5~6 根毛，前缘近中间处有 2 根毛。体长可至 11 mm。巢横截面呈四方形，可能由砂石或树叶筑成

图 5-94 *Lepidostoma* 属侧面观（左）、巢（右）
（引自 Wiggins, 1996）

功能摄食类群	撕食者
栖息生境	多生活于急流生境的石块表面

毛翅目 Trichoptera，短石蛾科 Brachycentridae，
Brachycentrus 属

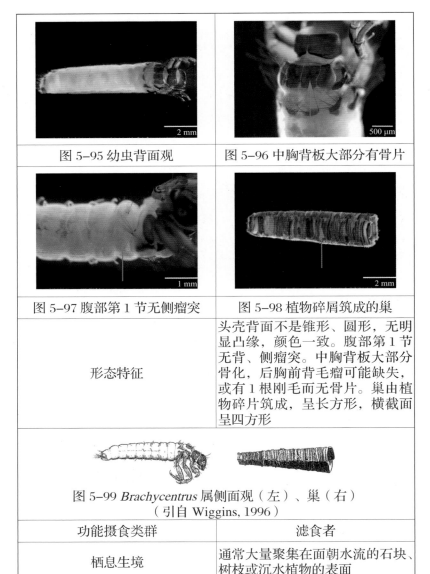

图 5-95 幼虫背面观	图 5-96 中胸背板大部分有骨片
图 5-97 腹部第 1 节无侧瘤突	图 5-98 植物碎屑筑成的巢
形态特征	头壳背面不是锥形、圆形，无明显凸缘，颜色一致。腹部第 1 节无背、侧瘤突。中胸背板大部分骨化，后胸前背毛瘤可能缺失，或有 1 根刚毛而无骨片。巢由植物碎片筑成，呈长方形，横截面呈四方形

图 5-99 *Brachycentrus* 属侧面观（左）、巢（右）
（引自 Wiggins, 1996）

功能摄食类群	滤食者
栖息生境	通常大量聚集在面朝水流的石块、树枝或沉水植物的表面

毛翅目 Trichoptera，纹石蛾科 Hrdropsychidae，
Hydropsyche 属

图 5-100 幼虫侧面观	图 5-101 胸部背板的完整骨片

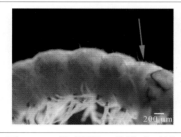 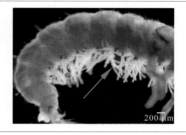

图 5-102 腹部第 1 节没有瘤突	图 5-103 腹侧有分支的气管鳃
形态特征	胸部各节背面均被完整或具中缝的骨片覆盖，各节骨片的形状、大小相似。腹部第 1 节无背、侧瘤突。腹侧有分支的气管鳃。体长可至 20 mm

图 5-104 *Hydropsyche* 属侧面观（左）、鳃（右）
（引自 Tachet et al., 2015）

功能摄食类群	滤食者
栖息生境	多生活于山地溪流的浅滩生境中

毛翅目 Trichoptera，舌石蛾科 Glossosomatidae，
Glossosoma 属

伊犁河底栖动物的
采集与识别

 图 5-105 幼虫侧面观	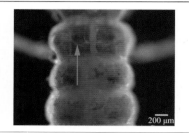 图 5-106 中胸和后胸背板呈膜质
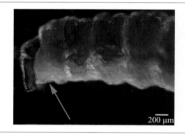 图 5-107 腹部第 9 节具骨化背片	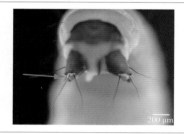 图 5-108 臀爪具背副钩结构
形态特征	中胸和后胸背板通常为膜质。腹部第 1 节无背、侧瘤突。腹部第 9 节具骨化背片，臀足基半部与第 9 节相接甚广，臀爪至少有 1 个背副钩。体长可至 9 mm。巢呈马鞍形，通常由小碎石筑成
 图 5-109 *Glossosoma* 属侧面观（引自 Wiggins, 1996）	
功能摄食类群	刮食者
栖息生境	多生活在水流湍急的河流或山溪中

毛翅目 Trichoptera，沼石蛾科 Limnephilidae， *Pseudostenophylax* 属

图 5-110 幼虫侧面观

图 5-111 腹部第 1 节有背瘤突

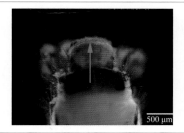

图 5-112 前胸背板前侧角呈圆形结构

图 5-113 后胸背板有小骨片

形态特征	前胸背板前侧角呈圆形，后胸背板有 5 块小骨片（前端中部的骨片合并）。3 个瘤突起（两个侧瘤突，1 个背瘤突），第 1 腹节腹板中部有 2 块骨片。巢由木块和树皮筑成

图 5-114 *Pseudostenophylax* 属侧面观（左）、腹部背侧（中）、巢（右）（引自 Tachet et al., 2015）

功能摄食类群	撕食者
栖息生境	在静水和流水生境中均有生存

（4）双翅目 Diptera

双翅目 Diptera，大蚊科 Tipulidae，
Dicranota 属

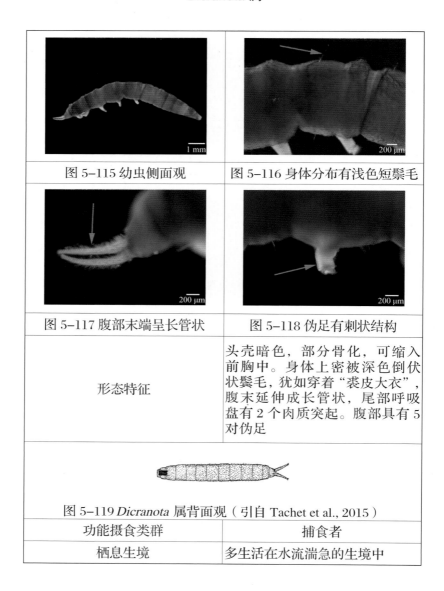

图 5-115 幼虫侧面观	图 5-116 身体分布有浅色短鬃毛
图 5-117 腹部末端呈长管状	图 5-118 伪足有刺状结构
形态特征	头壳暗色，部分骨化，可缩入前胸中。身体上密被深色倒伏状鬃毛，犹如穿着"裘皮大衣"，腹末延伸成长管状，尾部呼吸盘有 2 个肉质突起。腹部具有 5 对伪足

图 5-119 *Dicranota* 属背面观（引自 Tachet et al., 2015）

功能摄食类群	捕食者
栖息生境	多生活在水流湍急的生境中

双翅目 Diptera，大蚊科 Tipulidae，
Tipula 属 *Emodotipula* 亚属

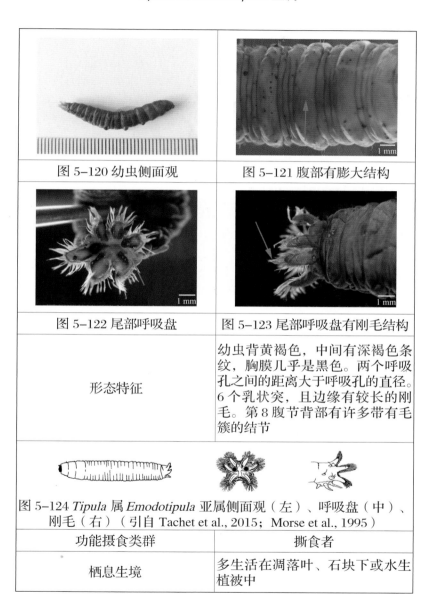

图 5–120 幼虫侧面观	图 5–121 腹部有膨大结构
图 5–122 尾部呼吸盘	图 5–123 尾部呼吸盘有刚毛结构

形态特征	幼虫背黄褐色，中间有深褐色条纹，胸膜几乎是黑色。两个呼吸孔之间的距离大于呼吸孔的直径。6 个乳状突，且边缘有较长的刚毛。第 8 腹节背部有许多带有毛簇的结节

图 5–124 *Tipula* 属 *Emodotipula* 亚属侧面观（左）、呼吸盘（中）、刚毛（右）（引自 Tachet et al., 2015；Morse et al., 1995）

功能摄食类群	撕食者
栖息生境	多生活在凋落叶、石块下或水生植被中

双翅目 Diptera，大蚊科 Tipulidae，
Tipula 属 *Arctotipula* 亚属

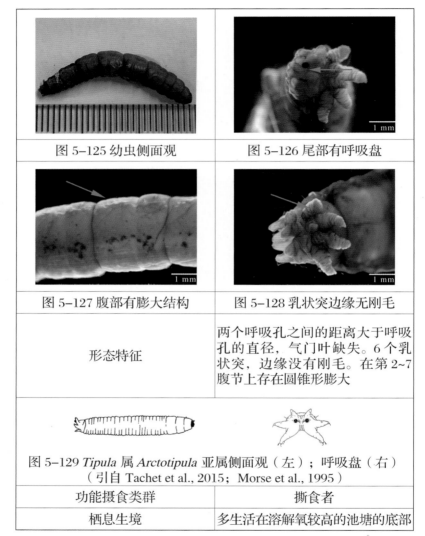

图 5-125 幼虫侧面观	图 5-126 尾部有呼吸盘
图 5-127 腹部有膨大结构	图 5-128 乳状突边缘无刚毛
形态特征	两个呼吸孔之间的距离大于呼吸孔的直径，气门叶缺失。6 个乳状突，边缘没有刚毛。在第 2~7 腹节上存在圆锥形膨大

图 5-129 *Tipula* 属 *Arctotipula* 亚属侧面观（左）；呼吸盘（右）
（引自 Tachet et al., 2015；Morse et al., 1995）

功能摄食类群	撕食者
栖息生境	多生活在溶解氧较高的池塘的底部

双翅目 Diptera，大蚊科 Tipulidae，
Tipula 属 *Acutipula* 亚属

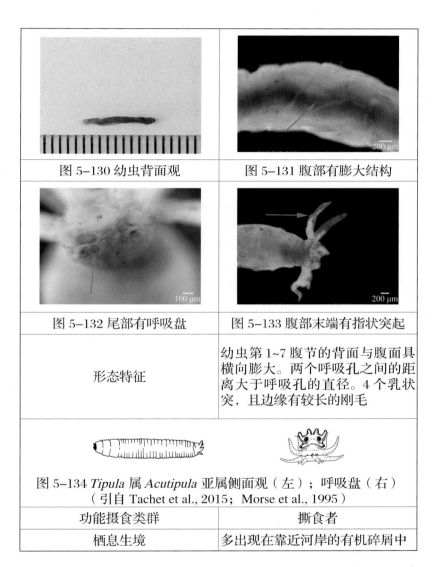

图 5-130 幼虫背面观	图 5-131 腹部有膨大结构
图 5-132 尾部有呼吸盘	图 5-133 腹部末端有指状突起
形态特征	幼虫第 1~7 腹节的背面与腹面具横向膨大。两个呼吸孔之间的距离大于呼吸孔的直径。4 个乳状突，且边缘有较长的刚毛

图 5-134 *Tipula* 属 *Acutipula* 亚属侧面观（左）；呼吸盘（右）
（引自 Tachet et al., 2015；Morse et al., 1995）

功能摄食类群	撕食者
栖息生境	多出现在靠近河岸的有机碎屑中

双翅目 Diptera，大蚊科 Tipulidae，
Cheilotrichia 属

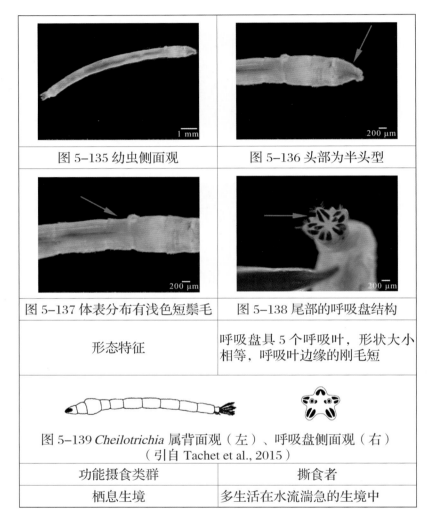

图 5-135 幼虫侧面观	图 5-136 头部为半头型
图 5-137 体表分布有浅色短鬃毛	图 5-138 尾部的呼吸盘结构
形态特征	呼吸盘具 5 个呼吸叶，形状大小相等，呼吸叶边缘的刚毛短

图 5-139 *Cheilotrichia* 属背面观（左）、呼吸盘侧面观（右）
（引自 Tachet et al., 2015）

功能摄食类群	撕食者
栖息生境	多生活在水流湍急的生境中

双翅目 Diptera，大蚊科 Tipulidae，*Hexatoma* 属

图 5-140 幼虫侧面观

图 5-141 尾部有呼吸盘

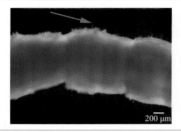

图 5-142 身体表面的浅色短鬓毛

图 5-143 尾部末端有指状突起

形态特征	腹部末节可能膨大，末端有 4 根长有毛的指状突起，其中腹面的 1 对长于背面的 1 对。身体上覆盖有浅色短鬓毛

图 5-144 *Hexatoma* 属背面观（左）；呼吸盘侧面观（右）
（引自 Tachet et al., 2015）

功能摄食类群	捕食者
栖息生境	多生活于底质为沙和松软沉积物的小溪和河流中

097

第 5 章　溪流底栖动物图鉴

双翅目 Diptera，大蚊科 Tipulidae，
朝大蚊属 Antocha

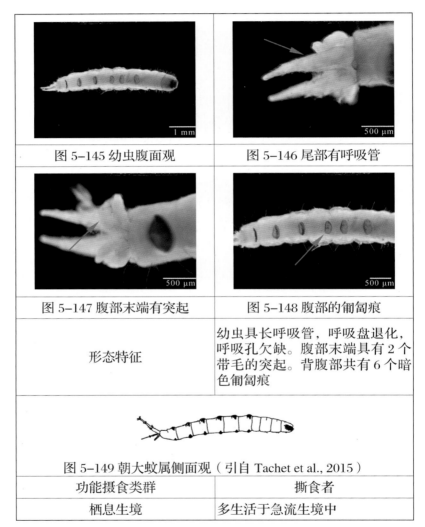

图 5-145 幼虫腹面观	图 5-146 尾部有呼吸管
图 5-147 腹部末端有突起	图 5-148 腹部的匍匐痕
形态特征	幼虫具长呼吸管，呼吸盘退化，呼吸孔欠缺。腹部末端具有 2 个带毛的突起。背腹部共有 6 个暗色匍匐痕

图 5-149 朝大蚊属侧面观（引自 Tachet et al., 2015）

功能摄食类群	撕食者
栖息生境	多生活于急流生境中

双翅目 Diptera，蚋科 Simuliidae，
Simulium 属

 图 5-150 幼虫侧面观	 图 5-151 头壳背面非锥形
 图 5-152 头部具多毛取食刷	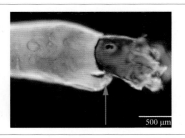 图 5-153 胸部腹面有一对伪足
形态特征	幼虫显头型，头部具 1 对多毛的取食刷，胸部腹面有 1 只伪足。胸部后部隆起，两侧末端有类似气门的环状结构

图 5-154 *Simulium* 属侧面观（左）、头部具多毛取食刷（右）
（引自 Tachet et al., 2015）

功能摄食类群	滤食者
栖息生境	多生活在急流水体中的岩石底部

双翅目 Diptera，蛾蠓科 Psychodidae，
Pericoma 属

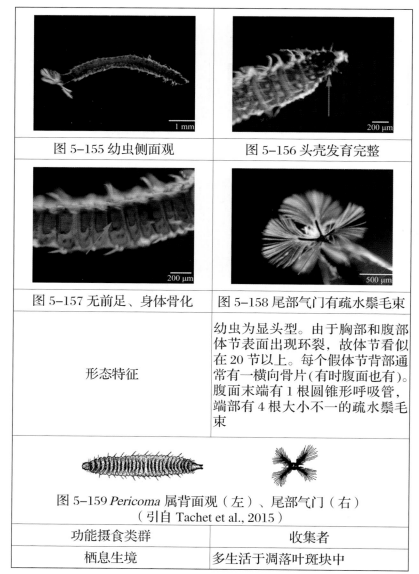

图 5-155 幼虫侧面观	图 5-156 头壳发育完整
图 5-157 无前足、身体骨化	图 5-158 尾部气门有疏水鬃毛束
形态特征	幼虫为显头型。由于胸部和腹部体节表面出现环裂，故体节看似在 20 节以上。每个假体节背部通常有一横向骨片(有时腹面也有)。腹面末端有 1 根圆锥形呼吸管，端部有 4 根大小不一的疏水鬃毛束

图 5-159 *Pericoma* 属背面观（左）、尾部气门（右）
（引自 Tachet et al., 2015）

功能摄食类群		收集者
栖息生境		多生活于凋落叶斑块中

双翅目 Diptera，伪鹬虻科 Athericidae，
伪鹬虻属 *Atherix*

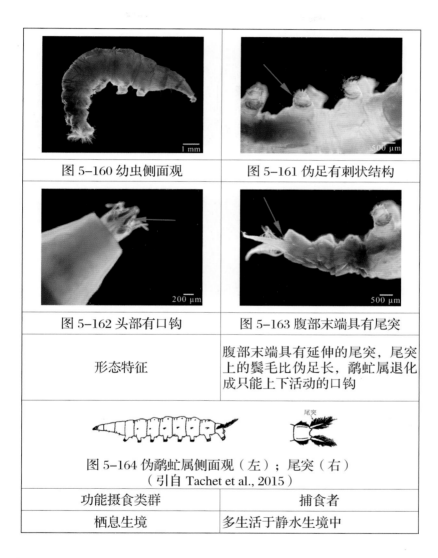

图 5-160 幼虫侧面观	图 5-161 伪足有刺状结构
图 5-162 头部有口钩	图 5-163 腹部末端具有尾突

形态特征	腹部末端具有延伸的尾突，尾突上的鬃毛比伪足长，鹬虻属退化成只能上下活动的口钩

图 5-164 伪鹬虻属侧面观（左）；尾突（右）
（引自 Tachet et al., 2015）

功能摄食类群	捕食者
栖息生境	多生活于静水生境中

双翅目 Diptera，舞虻科 Empididae，
溪舞虻亚科 Clinocerinae

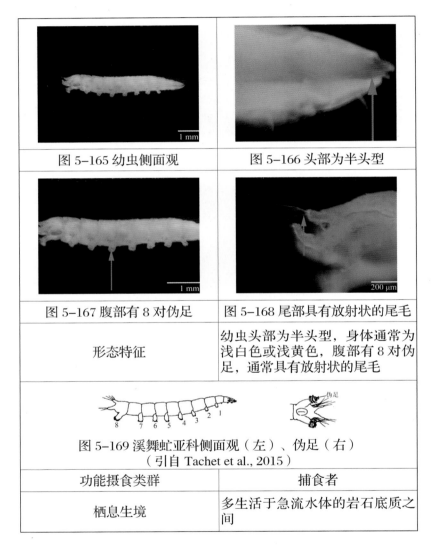

图 5-165 幼虫侧面观	图 5-166 头部为半头型
图 5-167 腹部有 8 对伪足	图 5-168 尾部具有放射状的尾毛
形态特征	幼虫头部为半头型，身体通常为浅白色或浅黄色，腹部有 8 对伪足，通常具有放射状的尾毛
图 5-169 溪舞虻亚科侧面观（左）、伪足（右） （引自 Tachet et al., 2015）	
功能摄食类群	捕食者
栖息生境	多生活于急流水体的岩石底质之间

双翅目 Diptera，网蚊科 Blephariceridae，
Hapalothrix 属

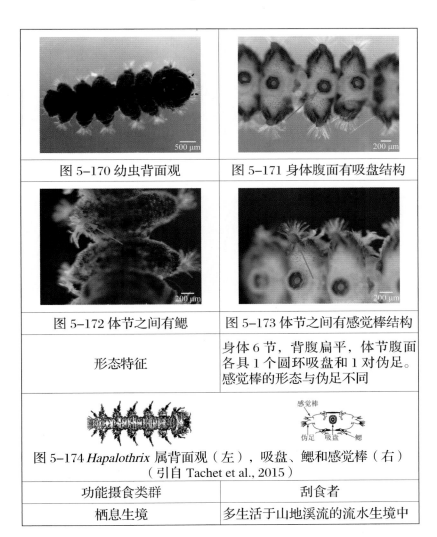

图 5-170 幼虫背面观	图 5-171 身体腹面有吸盘结构
图 5-172 体节之间有鳃	图 5-173 体节之间有感觉棒结构
形态特征	身体 6 节，背腹扁平，体节腹面各具 1 个圆环吸盘和 1 对伪足。感觉棒的形态与伪足不同

图 5-174 *Hapalothrix* 属背面观（左），吸盘、鳃和感觉棒（右）
（引自 Tachet et al., 2015）

功能摄食类群	刮食者
栖息生境	多生活于山地溪流的流水生境中

双翅目 Diptera，摇蚊科 Chironomidae，
直突摇蚊亚科 Orthocladiinae

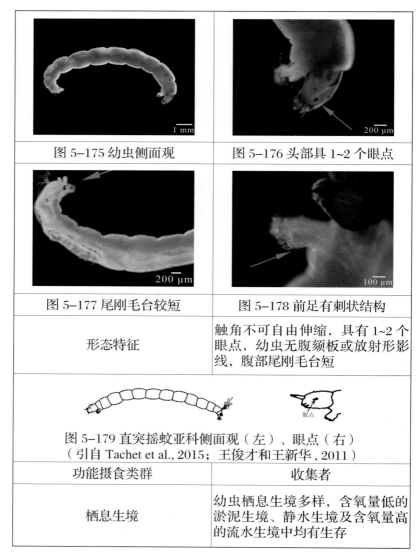

图 5-175 幼虫侧面观	图 5-176 头部具 1~2 个眼点

图 5-177 尾刚毛台较短	图 5-178 前足有刺状结构

形态特征	触角不可自由伸缩，具有 1~2 个眼点，幼虫无腹颈板或放射形影线，腹部尾刚毛台短

图 5-179 直突摇蚊亚科侧面观（左）、眼点（右）
（引自 Tachet et al., 2015；王俊才和王新华, 2011）

功能摄食类群	收集者
栖息生境	幼虫栖息生境多样，含氧量低的淤泥生境、静水生境及含氧量高的流水生境中均有生存

双翅目 Diptera，摇蚊科 Chironomidae，摇蚊亚科 Chironominae

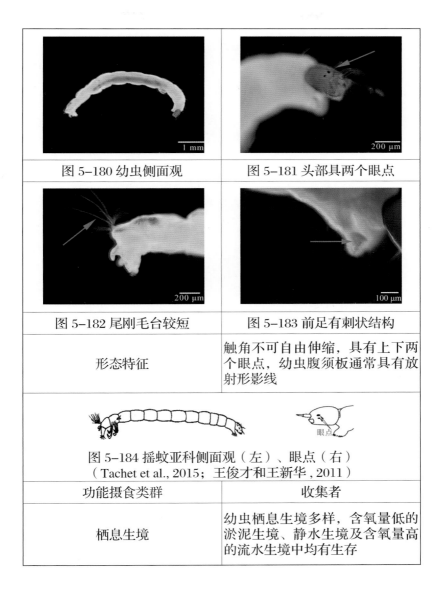

图 5-180 幼虫侧面观	图 5-181 头部具两个眼点
图 5-182 尾刚毛台较短	图 5-183 前足有刺状结构
形态特征	触角不可自由伸缩，具有上下两个眼点，幼虫腹须板通常具有放射形影线

图 5-184 摇蚊亚科侧面观（左）、眼点（右）
（Tachet et al., 2015；王俊才和王新华, 2011）

功能摄食类群	收集者
栖息生境	幼虫栖息生境多样，含氧量低的淤泥生境、静水生境及含氧量高的流水生境中均有生存

伊犁河底栖动物的
采集与识别

（5）广翅目 Megaloptera

广翅目 Megaloptera，齿蛉科 Corydalidae，
星齿蛉属 *Protohermes*

 图 5-185 幼虫背面观	 图 5-186 腹部有气管鳃
 图 5-187 腹部末端呈长尾状	 图 5-188 头部具单眼
形态特征	腹部有 7 对细长、分节或不分节且有缘毛的气管鳃，腹部末端延长，成长尾状。也同样长有鬃毛。幼虫触角 4 节，具单眼，咀嚼式口器，端部有 2 个爪。

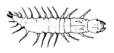

图 5-189 星齿蛉属背面观
（引自 https://stroudcenter.org/macros/key/）

功能摄食类群	捕食者
栖息生境	多生活于清洁水体中

2. 蛛形纲 Arachnida

真螨目 Acariformes

真螨目 Acariformes，水螨群 Hydrachnidia

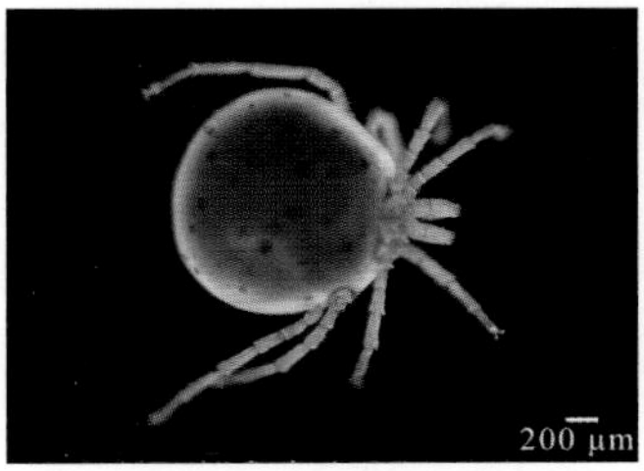	
图 5-190 幼虫背面观	图 5-191 腹面呈扁平状
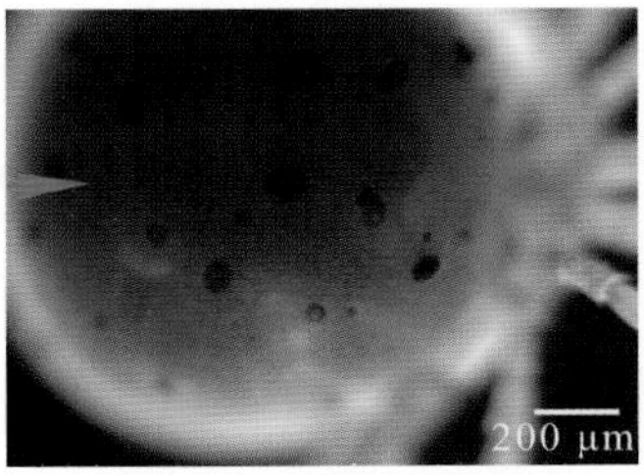	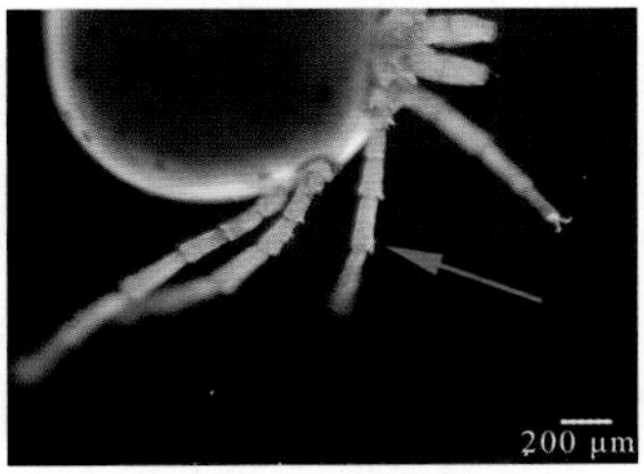
图 5-192 背面具斑点	图 5-193 有分节的足
形态特征	体躯呈球形或圆盘形，一般背面凸出，腹面扁平，体色单一颜色，或栗色中有黄、白等斑点
功能摄食类群	捕食者
栖息生境	主要栖息在淡水中

3. 软甲纲 Malacostraca

端足目 Amphipoda

端足目 Amphipoda，钩虾科 Gammaridae，
钩虾属 *Gammarus*

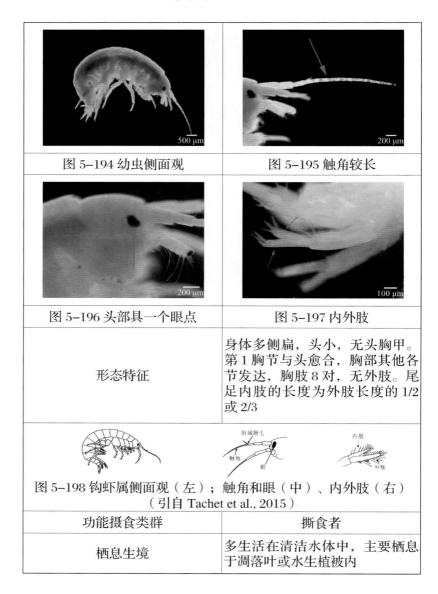

图 5-194 幼虫侧面观	图 5-195 触角较长
图 5-196 头部具一个眼点	图 5-197 内外肢
形态特征	身体多侧扁，头小，无头胸甲。第 1 胸节与头愈合，胸部其他各节发达，胸肢 8 对，无外肢。尾足内肢的长度为外肢长度的 1/2 或 2/3

图 5-198 钩虾属侧面观（左）；触角和眼（中）、内外肢（右）
（引自 Tachet et al., 2015）

功能摄食类群	撕食者
栖息生境	多生活在清洁水体中，主要栖息于凋落叶或水生植被内

108

参考文献

［1］Cummins, K.W., 1962. An Evaluation of Some Techniques for the Collection and Analysis of Benthic Samples with Special Emphasis on Lotic Waters. Am. Midl. Nat. 67, 477–504.

［2］Henri Tachet，Philippe Richoux，Michel Boumaud，等．淡水无脊椎动物系统分类、生物及生态学［M］.刘威，王旭涛，黄少峰译．北京：中国水利水电出版社，2015.

［3］Morse J.C., Yang L., Tian L., Aquatic Insects of China Useful for Monitoring Water Quality［M］. Hohai University Press, Nanjing, 1995.

［4］Poff N.L., Olden J.D., Vieira N.K., Finn D.S., Simmons M.P., Kondratieff, B.C., 2006. Functional Trait Niches of North American Lotic Insects: Traits–based Ecological Applications in Light of Phylogenetic Relationships. J. N. Am. Benthol. Soc. 25, 730–755.

［5］Sartori M., Keller L., Thomas A.G.B. & Passera L., 1992. Flight Energetics in Relation to Sexual Differences in the Mating Behaviour of a Mayfly, Siphlonurus Aestivalis. Oecologia. 92: 172–176.

［6］Webb J. M. & McCaffery W. P., 2008. Heptageniidae of the World. Part II. Key to the Genera［J］. *Canadian Journal of Arthropod Identification*, 7:1–55.

［7］Wiggins G. Larvae of the North American Caddisfly Genera (Trichoptera)［M］. University of Toronto Press, Toronto, 1996.

［8］段学花，王兆印，徐梦珍.底栖动物与河流生态评价［M］.北京：

清华大学出版社,2010.

［9］任先秋.中国动物志.无脊椎动物.第四十一卷,甲壳动物亚门.
端足目［M］.北京：科学出版社,2006.

［10］王俊才,王新华.中国北方摇蚊幼虫［M］.北京：中国言实
出版社,2011.

［11］王世江.中国新疆河湖全书［M］.北京：中国水利水电出版社,
2010.

［12］杨定,刘星月.中国动物志.昆虫纲.第五十一卷.广翅目［M］.
北京：科学出版社,2010.

［13］周长发,苏翠荣,归鸿.中国蜉蝣概述［M］.北京：科学出版
社,2015.

伊犁河流域底栖动物分类索引